化学工业出版社"十四五"普通高等教育规划教材

有机合成化学实验

Organic Synthetic Chemistry Experiments

第二版

马丽华　苟绍华　段文猛　主编

化学工业出版社

·北京·

内容简介

《有机合成化学实验》（第二版）共计 5 章，前 3 章包括有机化学实验基础知识、有机化学实验基本操作技术及有机化合物的制备实验，第 4 章探索创新及综合实验融入四川省化学竞赛相关内容，着力培养学生发现问题和解决问题的综合能力，第 5 章有机合成在油田化学品合成中的应用，将教师科研成果和化工产品实际应用相结合，以提升学生理论与实践相结合的能力。

《有机合成化学实验》（第二版）可作为高等本科院校化学、应用化学（含油田化学方向）、化学工程与技术、环境科学与工程、安全工程、材料科学与工程、新能源材料与器件等专业的有机化学及有机合成课程配套实验教材，同时可供相关人员参考。

图书在版编目（CIP）数据

有机合成化学实验 / 马丽华，苟绍华，段文猛主编.
2 版. -- 北京：化学工业出版社，2024. 12. --（化学工业出版社"十四五"普通高等教育规划教材）.
ISBN 978-7-122-47042-3

Ⅰ. O621.3-33

中国国家版本馆 CIP 数据核字第 2024A6H229 号

责任编辑：刘志茹　宋林青
文字编辑：杨凤轩　林　丹
责任校对：赵懿桐
装帧设计：史利平

出版发行：化学工业出版社（北京市东城区青年湖南街 13 号　邮政编码 100011）
印　　装：三河市君旺印务有限公司
787mm×1092mm　1/16　印张 10　字数 243 千字　2025 年 9 月北京第 2 版第 1 次印刷

购书咨询：010-64518888　　　　　　　　　　　售后服务：010-64518899
网　　址：http://www.cip.com.cn
凡购买本书，如有缺损质量问题，本社销售中心负责调换。

定　　价：30.00 元　　　　　　　　　　　　　　版权所有　违者必究

前言

有机合成化学实验是化学学科的一门重要基础课程，旨在培养学生掌握有机合成化学实验的基础知识和基本原理，系统地训练学生基本操作技能，培养学生理论联系实际的能力，使学生具备牢固扎实的实验操作功底，并在此基础上具备初步的实验设计、研究能力。

为了适应新形势下双一流学科的发展和高等院校教育建设的需要，本书在《有机合成化学实验》（苟绍华主编）的基础上编写了第二版，包含三个层次。第一个层次是基础实验部分，包括有机化学实验的基础知识、基本操作技术、常见有机化合物的制备与反应。此部分的实验内容主要聚焦烷基化、酯化等石油化工高频反应，聚焦工程思维训练。第二层次是综合实验部分，培养学生了解有机化学实验的复杂性、多学科性。引入四川省大学生化学竞赛部分真题（如稠油降黏剂的合成），采用"发现问题-方案设计-优化验证"三阶段任务，培养学生系统思维。第三个阶段是探索创新实验部分，在校外专家袁志平（川庆钻采院副总工程师）的指导下编写，以"企业命题-实验室开发-现场测试"闭环模式，培养学生理论联系实际，解决实际问题的能力。

本书由西南石油大学马丽华高级实验师、苟绍华教授、段文猛副教授主编，袁志平高级工程师、陈秀丽实验师、吴洋实验师副主编，王顺慧副教授参与编写，研究生彭川、张慧超、费玉梅、周艳婷、李世伟、杨晓燕等参与了部分资料收集与整理工作。非常感谢解正峰教授在百忙之中抽出宝贵时间对全书进行审查并提出了宝贵的意见。教研室其他老师对本书也提出了很多宝贵的建议，在此一并感谢。

由于编者水平有限，书中难免存在疏漏和不妥之处，敬请批评指正。

编者
2024 年 7 月

目录

第3章　有机化合物的制备实验　　　　044

第 5 章　有机合成在油田化学品合成中的应用　120

附录　130

参考文献　152

第1章
有机化学实验基础知识

有机化学是一门以实验为基础的学科，实验是有机化学学科体系中不可分割的重要组成部分。通过实验可以验证所学理论知识，并巩固和加深对理论知识的理解。实验的不断创新，可推动理论的发展，使整个学科不断进步和完善。

有机合成化学实验课程是化学、化工类相关专业的一门重要基础课。通过本课程的学习，学生可以掌握有机合成化学实验的基本操作技能，学会正确选择有机化合物的合成、分离、提纯和分析鉴定的方法，培养学生动手能力、创新能力、工程意识、分析和解决复杂工程问题的能力，以及严谨的工作作风、实事求是的科学态度、团队协作精神。

1.1　有机化学实验室规则

有机化学实验室经常会使用易燃、易爆、有毒和强腐蚀性试剂，易引发火灾、爆炸、中毒等安全事故。为防止发生实验室安全事故，在有机化学实验室进行实验的人员必须认真阅读并严格遵守有机化学实验室规则。

① 牢固树立"安全第一"的思想，时刻注意实验室安全。学会正确使用水、电、通风橱和灭火器等，了解事故的一般处理方法。

② 进入实验室前，认真预习实验内容，明确实验目的及要掌握的操作技能，了解实验步骤、所用药品的危害性及安全操作方法，并撰写预习报告。

③ 进入实验室，应穿戴个人防护用品（如实验服、护目镜、防护手套），不准穿拖鞋进入实验室，女生长发应扎起。禁止在实验室内吸烟、饮食，不得在实验室进行与实验无关的一切活动。

④ 实验课开始后，先认真听指导教师讲解实验，然后严格按照操作规程安装好实验装置，经指导教师检查合格后方可进行下一步操作。

⑤ 实验过程中，应按预定的实验方案，集中精力，认真操作，仔细观察并如实记录实验现象，同时应保持实验台面整洁。

⑥ 实验过程中，应保持安静，同学间可适当就实验现象进行研讨，但不许谈论与实验无关的问题，实验中途不得擅自离开实验室。

⑦ 取用药品应在指导教师指定的地方（一般在通风橱内）进行。取用药品前，应仔细阅读药品标签，按需取用，避免浪费；取完药品后，要及时盖好试剂瓶塞，并将台秤和药品台擦净。严禁将药品瓶拿至自己的实验台称取，不得任意移动或更换实验室公用仪器和药品的摆放位置。

⑧ 实验过程中所产生的所有废弃物应倒入指定的回收容器中，严禁倒入水池及垃圾桶

中；产物也应按同样方法回收。

⑨ 实验完成后，应将实验记录交指导教师审核，由指导教师签字确认。及时清洗用过的玻璃仪器，清点无误后放回原处，清理打扫个人实验台面，经指导教师许可后，方可离开实验室。离开实验室前，应认真洗手。

⑩ 值日生应做好实验室的整体卫生工作，将实验器材、试剂摆放至指定位置，并检查水、电是否安全，关闭门窗，经指导教师检查合格后，方可离开实验室。

1.2 事故的预防与急救

在有机化学实验中，需要大量使用有机试剂和有机溶剂，这些物质大多数易燃、易爆，且具有一定的毒性。如乙醇、乙醚、丙酮、苯及石油醚等属于易燃溶剂，氢气、乙炔及苦味酸等属于易爆的气体和药品，氰化物、硝基苯、有机磷化物及有机卤化物等属于有毒试剂，氢氧化钠、氢氧化钾、浓硫酸、硝酸、盐酸、苯酚等属于腐蚀性药品。在实验中如使用不当，则可能发生火灾、爆炸、中毒等事故。此外，有机化学实验所用仪器多为玻璃制品，如不注意，不但会损坏仪器，还会造成割伤，并且比一般割伤更易感染。因此，开展有机化学实验时，必须高度重视实验室安全工作。提前做好实验预习，严格规范操作，实验过程中坚守岗位，集中精力，避免事故的发生。

1.2.1 着火

实验中使用的有机溶剂大多是易燃的。因此，着火是有机化学实验中常见的事故。防火的基本原则是将火源与溶剂尽可能远离，实验过程中尽量不使用明火加热。易燃、易挥发试剂不能放置在敞口容器中。

易燃有机溶剂（特别是低沸点易燃溶剂）在室温时具有较大的蒸气压，当空气中易燃有机溶剂的蒸气达到某一极限时，遇有明火即发生燃烧爆炸。有机溶剂蒸气一般较空气的密度大，会沿着桌面或地面漂移至较远处，或沉积在低洼处。因此，切勿将易燃有机溶剂倒入废物缸中，更不能用开口容器盛放易燃有机溶剂。转移易燃有机溶剂应远离火源，最好在通风橱中进行。蒸馏易燃有机溶剂（特别是低沸点易燃溶剂），整套装置切勿漏气，接收器支管应与橡胶管相连，使余气通往水槽或室外。

使用氢气、乙炔等易燃、易爆气体时，要保持室内空气流通，严禁明火。并防止由于敲击、摩擦、马达炭刷或电器开关等产生火花。

若使用煤气，应经常检查煤气开关，并保持完好。煤气灯及其橡胶管在使用时也应仔细检查。发现漏气应立即熄灭火源，打开窗户，用肥皂水查找漏气的地方，并应急告有关单位抢修。

一旦发生火灾，不要惊慌失措，应保持沉着镇静，并采取相应措施，以减少损失。首先，应立即切断电源，熄灭附近所有的火源，并移开附近的易燃物质。小火可用石棉布或湿布以及沙土盖熄。火势较大时，应根据以下情况采用不同的灭火器材：①有机物及电器设备的着火。应使用二氧化碳灭火器，这种灭火器是有机化学实验室中最常用的一种灭火器。钢筒内装有压缩的液态二氧化碳，和含有能产生发泡剂的碳酸氢钠溶液和硫酸铝溶液。使用前颠倒筒身，两种溶液立即反应生成硫酸氢钠、氢氧化铝以及大量二氧化碳，灭火器筒内压力突然增大。打开开关后，灭火器因为筒内压力巨大向外喷出大量二氧化碳泡沫。使用时应注意，一手提灭火器，另一手握在把手上并使喇叭筒对准目标。使用期间手不要握在喇叭筒上，因为喷出二氧化碳泡沫时，导致筒内压力骤然降低，喇叭筒的温度也骤降，易冻伤手。一般来说，泡沫灭火器因后处理比较麻烦，非大火通常不用；②电器内或电器附近着火。应使用四氯化碳灭火器，但实验室狭小或通风不良时切忌使用，因为四氯化碳在高温时生成剧毒的光气。此外，四氯化碳和金属钠接触也会发生爆炸。使用时只需连续抽动唧筒，喷嘴就会迅速喷出四氯化碳。

无论使用何种灭火器，都应从火的四周开始向中心扑灭。油浴和有机溶剂着火时绝对不能用水浇，这样反而会使火焰蔓延开来。若衣服着火，不要奔跑，应该用厚的外衣包裹使之熄灭。较严重的应躺在地上（以免火焰烧向头部），用防火毯紧紧包住，直至火熄灭，或用附近的自来水冲熄火焰。烧伤严重者应急送医院救治。

1.2.2 爆炸

有机化合物遇氧化剂时会发生猛烈爆炸或燃烧，操作时应特别小心。存放药品时，应将氯酸钾、过氧化物、浓硝酸等强氧化剂和有机试剂分开。有些有机化合物如醚或共轭烯烃，久置后会生成易爆炸的过氧化物，必须经过特殊处理后才能使用。有些化合物本身具有爆炸性，如叠氮化物、干燥的重氮盐、硝酸酯、多硝基化合物等，使用时必须严格遵守操作规程。

1.2.3 中毒

在反应过程中可能生成有毒或腐蚀性气体的实验应在通风橱内进行，实验过程中不要把头伸进橱内，器皿使用后应及时清洗。

有毒药品应认真操作，妥善保管，不许乱放。实验中所用的剧毒物质应由专人负责收发，使用者使用过程中必须遵守操作规程。实验后的有毒残渣必须经过妥善而有效的处理，不准乱丢。

有些有毒物质会渗入皮肤，因此在接触固体或液体有毒物质时，必须戴橡胶手套，操作后立即洗手。切勿让毒品沾及五官或伤口，例如氰化钠沾及伤口后就随血液循环全身，严重者会造成中毒死亡事故。

特殊情况下，如试剂溅入口中尚未咽下时应立即吐出，并用大量水冲洗口腔。已经吞下时，应根据毒物性质给予解毒剂，并立即送医院救治。腐蚀性毒物中毒应做如下处理：对于强酸，先饮大量水，然后服用氢氧化铝膏、鸡蛋白；对于强碱，也应先饮大量水，然后服用醋、酸果汁、鸡蛋白。无论酸或碱中毒都要再给以牛奶灌注，但不要吃呕吐剂。刺激剂及神经性毒物中毒应做如下处理：先用牛奶或鸡蛋白使之立即冲淡和缓和，再用一大匙硫酸镁（30克）溶于一杯水中催吐。有时也可用手指伸入喉部催吐，然后立即送医院救治。吸入气体中毒者，应先将中毒者移至室外，解开衣领及纽扣。吸入少量氯气或溴时，可用碳酸氢钠漱口。

实验室应配备急救箱，里面应配备以下物品：绷带、纱布、脱脂棉花、医用橡皮膏、创可贴、医用镊子、剪刀、凡士林、玉树油或鞣酸油膏、烫伤油膏及消毒剂、醋酸溶液（2%）、硼酸溶液（1%）、碳酸氢钠溶液（1%）、酒精、甘油等。

1.2.4 灼伤

皮肤如果接触了高温的物体，如火焰、蒸汽等，或低温物体，如液态二氧化碳、液氮等，或腐蚀性物质，如强酸、强碱等，都会造成灼伤。因此，实验时要避免皮肤与上述能引起灼伤的物质接触。取用有腐蚀性化学药品时，应戴上橡胶手套和防护眼镜。

实验中发生灼伤，要根据不同的灼伤情况分别采取不同的处理方法。酸灼伤用 1%碳酸氢钠溶液冲洗；碱灼伤则用 1%硼酸溶液冲洗，最后再用大量水冲洗。严重者要对灼伤面消毒，并涂上软膏，送医院救治。任何药品溅入眼内，都要立即用大量水冲洗。冲洗后，如果眼睛仍未恢复正常，应立即送医院救治。

1.2.5 割伤

割伤是实验室最常见的事故，一般由下列几种情况造成：装配仪器时用力过猛或者装配不当；装配仪器时，着力处远离连接部位；仪器口径不合而勉强连接；玻璃折断面未烧圆滑、有棱角等。防止割伤应注意做到以下几点：

① 使用玻璃仪器时，最基本的原则是，不能对仪器的任何部分施加过度的压力。

② 需要用玻璃管和塞子连接装置时，用力处不要离塞子太远，尤其是插入温度计时，需特别小心。

③ 新割断的玻璃管口处特别锋利，使用时要将断口处用火烧至熔化，使其呈圆滑状。

如不慎发生割伤事故，先将伤口处的玻璃碎片取出，用蒸馏水洗净伤口，涂上红药水，用创可贴或纱布包好。伤口较大或割破了动脉，则应用力按住伤口，防止大出血，及时送医院救治。

1.2.6 其他

（1）减压装置

减压蒸馏时，要用圆底烧瓶或抽滤瓶作接收器，不能用锥形瓶，否则会发生炸裂。加压操作时（如高压釜、封管等）应经常注意釜内压力有无超过安全负荷，选用封管的玻璃管厚度是否适当、管壁是否均匀，并要有一定的防护措施。开启贮有挥发性液体的瓶塞和安瓿时，必须先充分冷却再开启（开启安瓿时要用布包裹）。开启时瓶口必须指向无人处，以免由于液体喷溅而招致伤害。如遇瓶塞不易开启时，必须注意瓶内贮物的性质，切不可贸然用火加热或乱敲瓶塞等。常压操作时，应使全套装置有一定的地方通向大气，严禁密闭体系操作。

（2）沸石的使用

回流或蒸馏液体时应放沸石，以防溶液因暴沸而冲出。若在加热后发现未放沸石，应停止加热，待稍冷后再放。否则在过热溶液中放入沸石会导致液体迅速沸腾，冲出瓶外而引起火灾。不要用火焰直接加热烧瓶，而应根据液体沸点高低采用合适的加热方法。冷凝水要保持畅通，以免大量蒸气来不及冷凝溢出而造成火灾。

常见的危险化学品标识，见图1.1。

图 1.1　危险化学品的标识

1.3　实验预习、实验记录和实验报告

学生在本课程开始时，必须认真地阅读本章内容。在进行每个实验时，必须做好实验预习、实验记录和实验报告。

1.3.1　实验预习

为了使实验能够达到预期的效果，在实验之前要做好充分的预习和准备。每个学生都必须准备一本实验记录本，并编上页码，不能用活页本或零星纸张代替，不准撕下实验记录本的任何一页。如果写错了，可以用笔勾掉，但不得涂抹或用橡皮擦掉。文字要简练明确，书写整齐，字迹清楚。写实验记录本是从事科学实验的一项重要训练。以制备实验为例的预习提纲包括以下内容：

① 实验目的。
② 主反应和重要副反应的反应方程式。
③ 原料、产物和副产物的物理常数，原料用量（单位：g、mL、mol），计算理论产量。
④ 正确而清楚地画出装置图。
⑤ 用图表形式表示实验步骤，特别注意本实验的关键事项和安全操作。
⑥ 试剂的过量百分数、理论产量和产率的计算。

在进行一个合成实验时，通常并不是完全按照反应方程式所要求的比例投入各原料，而是根据反应完成后是否容易去除或回收、能否引起副反应等情况来决定。

在计算时，首先要根据反应方程式找出哪一种原料的相对用量少，以它为基准计算其他原料的过量百分数。产物的理论产量是假定这个作为基准的原料全部转变为产物时所得到的产量。由于有机反应常常不能进行完全，有副反应，以及操作中有损失，产物的实际产量总比理论产量低。通常将实际产量与理论产量的百分比称为产率。产率的高低是评价实验方法以及考核实验者的一个重要指标。

1.3.2　实验记录

学生每人必须有一本实验记录本，不得用散纸。进行实验时做到操作认真、观察仔细，并随时将测得的数据或观察到的实验现象记在实验记录本上，养成边实验边记录的好习惯，记录必须忠实详尽，不能虚假。记录的内容包括实验的全部过程，如加入药品的数量、仪器装置、每一步操作的时间和内容、所观察到的现象（包括温度、颜色、体积或质量的数据等）。记录要求实事求是，准确反映真实的情况，特别是当观察到的现象和预期不同，以及操作步骤与教材规定的不一致时，要按照实际情况记录清楚，以便作为总结讨论的依据。其他各项，如实验过程中一些准备工作、现象解释、称量数据，以及其他备忘事项，可以记在备注栏内。应该牢记，实际记录是原始资料，科学工作者必须重视。

1.3.3 实验报告

实验完成后应及时写出实验报告。把实验目的、方法、过程、结果等记录下来，经过整理，写成书面汇报。实验报告必须在科学实验的基础上进行。它的主要用途在于帮助实验者不断地积累研究资料、总结研究成果，因此写实验报告是一件非常严肃、认真的工作。不允许草率、马虎，哪怕是一个小数点、一个细微的变化，都不能忽视。实验报告大体上根据实验步骤和顺序来写：先写时间，有时还应写明气候和温差的变化，然后写实验的项目和次数，再写实验内容，这些是主要部分。

① 实验名称：通常作为实验题目出现。

② 实验目的要求：简述该实验所要达到的目的和要求。

③ 实验原理：简要介绍实验的基本原理，如主要反应方程式及副反应方程式。

④ 实验所用的仪器、药品及装置：要写明所用仪器的型号、数量、规格；试剂的名称、规格。

⑤ 主要试剂的物理常数：列出主要试剂的分子量、相对密度、熔点、沸点和溶解度等。

⑥ 仪器装置图：画出主要仪器装置图。

⑦ 实验内容、步骤：要求简明扼要，尽量用表格、框图、符号表示，不要全盘抄书。

⑧ 实验现象和数据的记录：在自己观察的基础上如实记录。

⑨ 结论和数据处理：化学现象的解释最好用化学反应方程式；如果是合成实验要写明产物的特征、产量，并计算产率。

⑩ 对实验中遇到的疑难问题提出自己的见解：分析产生误差的原因，对实验方法、实验内容、实验装置等提出意见或建议，包括回答思考题。

实验报告是学生完成实验的一个重要步骤，通过实验报告，可以培养学生分析问题和解决问题的能力。实验报告示例如下：

实验报告格式示例

实验六　溴乙烷的制备

一、实验目的

1. 掌握由醇制备卤代烃的方法、原理。

2. 学习磁力搅拌器的使用。

3. 学习低沸点蒸馏的基本操作，巩固分液漏斗的使用方法。

二、实验原理

主反应：

$$2NaBr + H_2SO_4 \longrightarrow 2HBr + Na_2SO_4$$

$$C_2H_5OH + HBr \rightleftharpoons C_2H_5Br + H_2O$$

副反应：

$$2C_2H_5OH \xrightarrow{H_2SO_4} C_2H_5OC_2H_5 + H_2O$$

$$C_2H_5OH \xrightarrow{H_2SO_4} C_2H_4 + H_2O$$

$$2HBr + H_2SO_4 \longrightarrow Br_2 + SO_2\uparrow + 2H_2O$$

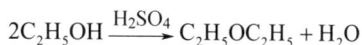

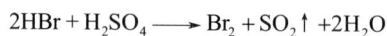

三、仪器与试剂

仪器：圆底烧瓶（100mL）、锥形瓶、烧杯、蒸馏头、直形冷凝管、分液漏斗、量筒、温度计、磁力搅拌器（S21-3）

药品：浓硫酸（d=1.84）19mL、溴化钠（无水）、乙醇（95%）10mL（7.9g，0.165mol）、溴乙烷（无水）13g（0.126mol）、饱和亚硫酸氢钠溶液5mL。

四、物理常数

名称	分子量	熔点/℃	沸点/℃	相对密度	溶解度/（g/100g 溶剂）
乙醇	46	78.4	78.4	0.7893	水中：溶解度无限大
溴化钠	103	1390		3.203	水中：79.5（0℃）
溴乙烷	109	38.4	38.4	1.4239	水中：1.06（0℃）；醇中：溶解度无限大
乙醚	74.12	34.5	34.6	0.71378	水中：7.5（20℃）；醇中：溶解度无限大
乙烯	28.05	−169	−103.7	0.384	不溶
浓硫酸	98	338	340（分解）	1.84	水中：溶解度无限大

五、实验装置图

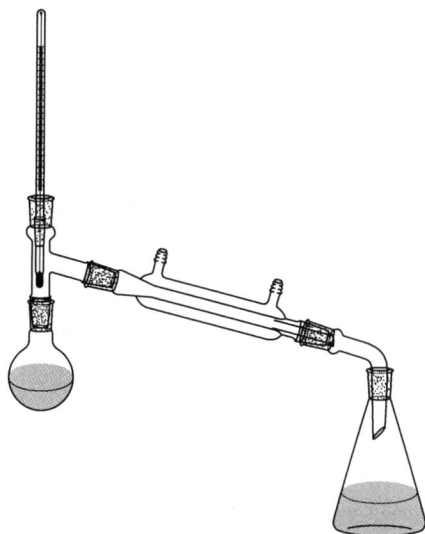

六、实验步骤和实验记录

为了培养同学们准确记录实验现象，养成实事求是的实验态度，实验步骤和实验现象采用分栏的方式书写，左边写步骤，右边写现象，实验现象包括反应的起始时间，反应过程中能观察到的所有现象，主要有颜色、状态等等我们能观察到的宏观状态，这部分的记录越详细越好。

七、计算

这里通常是计算所合成物质的产率。

八、思考题

讨论部分尤其重要，特别是初学有机化学实验的同学，讨论部分一般包括同学们在实验过程中遇到的特殊情况，和自己不能正确理解的实验现象，有助于下一次实验方案的改进。

1.4 有机化学实验常用仪器

有机化学实验所用的仪器有玻璃仪器、金属用具、其他一些仪器装置。有些是公用的，有些是由使用者自己保管使用的，现分别介绍如下。

1.4.1 玻璃仪器

有机化学实验室玻璃仪器可分为普通玻璃仪器和磨口玻璃仪器。标准接口玻璃仪器是具有标准化磨口或磨塞的玻璃仪器。由于仪器口塞尺寸的标准化、系统化、磨砂密合，凡属于同类规格的接口，均可任意连接，各部件能组装成各种配套仪器。与不同类型规格的部件无法直接组装时，可使用转换接头连接。使用标准接口玻璃仪器，既可免去配塞子的麻烦手续，又能避免反应物或产物被塞子沾污的危险。口塞磨砂性能良好，使密合性达到较高真空度，对蒸馏尤其减压蒸馏有利，对于毒物或挥发性液体的实验较为安全。

标准接口玻璃仪器，均按国际通用的技术标准制造，当某个部件损坏时，可以选购。标准接口玻璃仪器的每个部件在其口塞的上或下显著部位均具有烤印的白色标志，其表明规格。常用的有 10、12、14、16、19、24、29、34、40 等。有的标准接口玻璃仪器有两个数字，如 10/30，10 表示磨口大端的直径为 10mm，30 表示磨口的高度为 30mm。使用标准接口玻璃仪器应注意以下几点：

① 磨口塞应经常保持清洁，使用前应用软布揩拭干净，但不能附上棉絮。

② 使用前在磨口塞表面涂以少量凡士林或真空油脂，以增强磨口塞的密合性，避免磨面的相互磨损，同时也便于接口的装拆。

③ 装配时，把磨口和磨塞轻轻地对旋连接，不得用力过猛。不能装得太紧，只要达到润滑密闭要求即可。

④ 用后应立即拆卸洗净，否则，对接处常会粘牢，以致拆卸困难。

⑤ 装拆时应注意相对的角度，不能在角度有偏差时进行硬性装拆，否则极易造成破损。磨口套管和磨塞应该是由同种玻璃制成的。

有机化学实验室经常需要使用干燥的玻璃仪器，故要养成在每次实验后立即把玻璃仪器洗净和倒置使之晾干的习惯，以便下次实验时使用。干燥玻璃仪器的方法有下列几种：

① 自然风干　是指把已洗净的玻璃仪器在干燥架上自然风干，这是常用而简单的方法。但必须注意，若玻璃仪器洗得不够干净时，水珠不易流下，干燥较为缓慢。

② 烘干　指把已洗净的玻璃仪器由上层到下层放入烘箱中烘干。放入烘箱中干燥的玻璃仪器，一般要求不带水珠，器皿口侧放。带有磨口玻璃塞的仪器，必须取出活塞才能烘干，玻璃仪器上附带的橡胶制品在放入烘箱前也应取下，烘箱内的温度保持在 105℃左右，烘干

约 0.5h，待烘箱内的温度降至室温时才能取出。切不可把很热的玻璃仪器取出，以免骤冷使之破裂。当烘箱已工作时，不能往上层放入湿的器皿，以免水滴下落，使热的器皿骤冷进而破裂。

③ 吹干　即用气流干燥器或电吹风把仪器吹干。有时仪器洗净后需要立即使用，可使用吹干的方法，首先将仪器尽量晾干，加入少量丙酮或乙醇荡洗并倾出，然后通入冷风 1~2min，待大部分溶剂挥发后，再吹入热风至完全干燥为止，最后吹入冷风使仪器逐渐冷却。

有机实验常用的玻璃仪器如图 1.2 和图 1.3 所示。

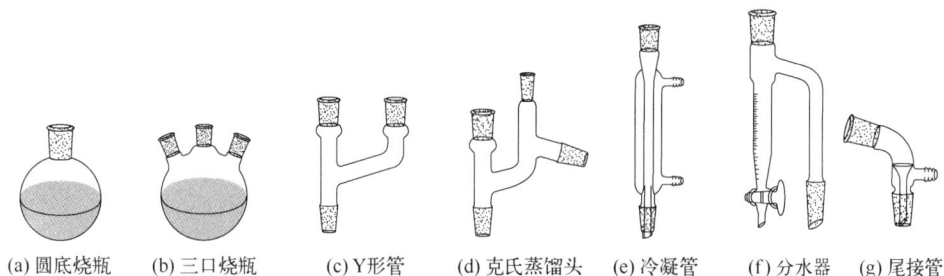

(a) 圆底烧瓶　(b) 三口烧瓶　(c) Y形管　(d) 克氏蒸馏头　(e) 冷凝管　(f) 分水器　(g) 尾接管

图 1.2　常用磨口仪器

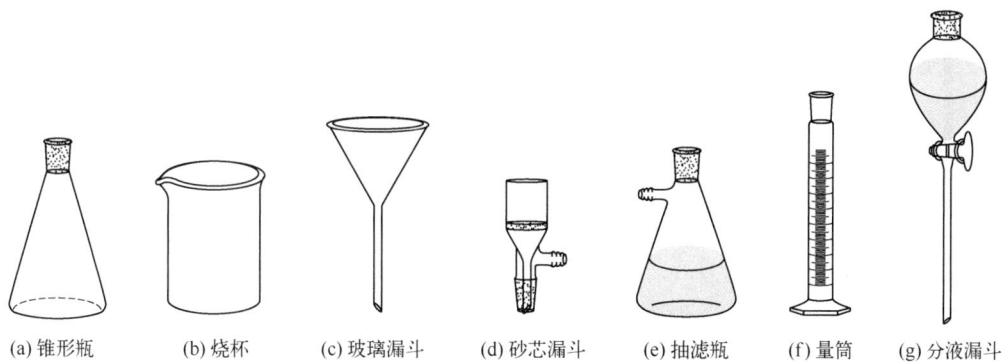

(a) 锥形瓶　(b) 烧杯　(c) 玻璃漏斗　(d) 砂芯漏斗　(e) 抽滤瓶　(f) 量筒　(g) 分液漏斗

图 1.3　常用普通玻璃仪器

1.4.2　常用实验装置

在进行有机合成实验时，常常需要将多种玻璃仪器组装成一定的装置。常用的几种装置有回流装置、蒸馏装置、分流装置等，如图 1.4~图 1.7 所示。对于实验过程中有有毒、有害气体产生的实验一般要加上尾气吸收装置，对于非均相反应一般需要安装搅拌装置。

当有机化学反应需要在反应体系的溶剂或反应物的沸点附近进行时需用回流装置，图 1.4（a）的装置适用于需要干燥的反应体系；如不需要防潮，可去掉干燥管。图 1.4（b）的装置适用于产生有害气体（如溴化氢、氯化氢、二氧化硫等）的反应体系，图 1.4（c）的装置适用于边滴加边回流的反应体系。

用蒸馏法分离和提纯液态有机化合物时要使用蒸馏装置，如图 1.5 所示。其中图（a）是最常用的一种，它适用于低沸点物质的蒸馏（b.p.<140℃），既可在尾部侧管处连接干燥管，用作防潮蒸馏，也可连上橡胶管把易挥发的低沸点馏出物（如乙醚）的尾气导向水槽或室外。蒸馏高沸点物质（b.p.>140℃）时，要换用空气冷凝管；图（b）是闪蒸装置，适用于大量溶剂的蒸除，或用于少量物质的富集。由于液体可由滴液漏斗中不断加入，避免了使用较大的蒸馏瓶。

图 1.4　常见的几种回流装置

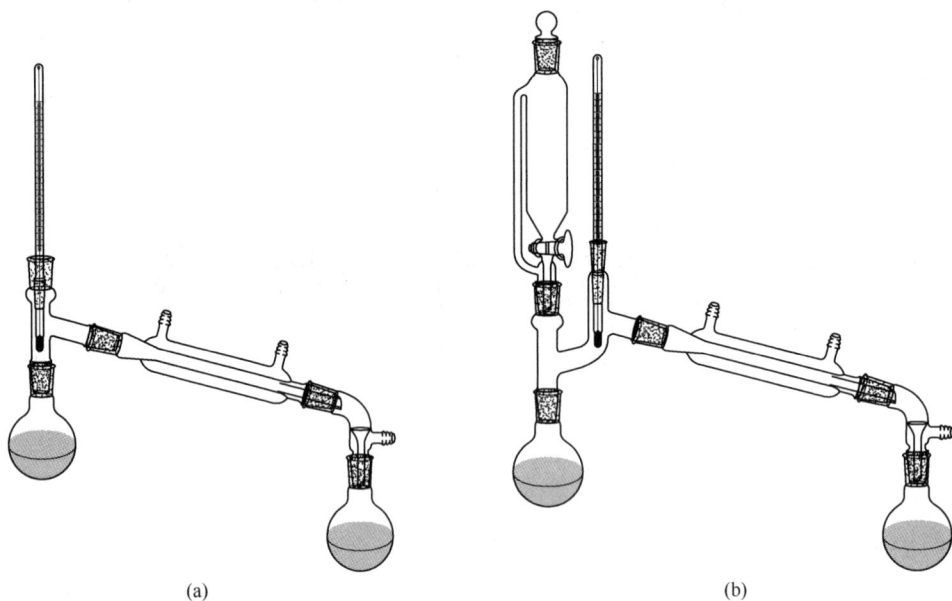

图 1.5　蒸馏装置和闪蒸装置

当反应体系中有毒性气体产生时，要用气体吸收装置，以减少环境污染，如图 1.6 所示。其中图（a）和图（b）的装置适用于少量气体的吸收。使用图（a）装置时，玻璃漏斗应略微倾斜，使漏斗口一半在水中，一半在水面上，不得将漏斗埋入吸收液面下，以防成为密闭装置，引起倒吸；图（c）装置是适用于反应过程中有大量气体生成或气体逸出速度很快的气体吸收装置。水自上端流入（可利用冷凝水）抽滤瓶中，在恒定的水面上溢出。粗的玻璃管恰好伸入水面，被水封住，以防止气体逸入大气中。

搅拌器也是有机化学实验必不可少的仪器之一，如果反应在互不相溶的两种液体或固液两相的非均相体系中进行，或其中一种原料需逐渐滴加进入时，必须使用搅拌装置。它可使反应混合物混合得更加均匀，反应体系的温度更加均匀，从而有利于化学反应的进行，特别是非均相反应。搅拌的方法有三种：人工搅拌、机械搅拌和磁力搅拌。人工搅拌一般借助于玻璃棒就可以进行，机械搅拌则是利用机械搅拌器，磁力搅拌是利用磁力搅拌器。

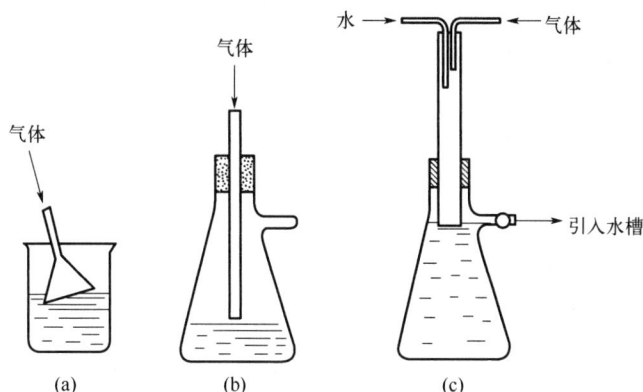

图 1.6 几种气体吸收装置

机械搅拌器是由电机带动搅拌棒而达到搅拌目的的一种装置，如图 1.7 所示。搅拌可以保证两相的充分混合接触和被滴加原料的快速均匀分散，避免或减少因局部过浓过热而引起的副反应。图（a）装置适用于搅拌下滴加回流的反应，图（b）装置用于搅拌下滴加并需测温的反应。为了防止蒸气外逸，需采用密封装置，常用的有简易密封装置或液封装置。简易密封装置使用温度计套管加橡胶管的构成；图（c）中，搅拌棒在橡胶管内转动，在搅拌棒和橡胶管之间滴入润滑油，也可用带橡胶管的玻璃套管固定于塞子上代替；图（d）中，液封装置中要用惰性液体（如石蜡油）进行密封；图（e）中，聚四氟乙烯制成的搅拌密封塞是由上面的螺旋盖、中间的硅橡胶密封垫圈和下面的标准口塞组成的。使用时只需选用适当直径的搅拌棒插入标准口塞与垫圈孔中，在垫圈与搅拌棒接触处涂少许甘油润滑，旋上螺旋盖使松紧适度，把标准口塞装在烧瓶上即可。

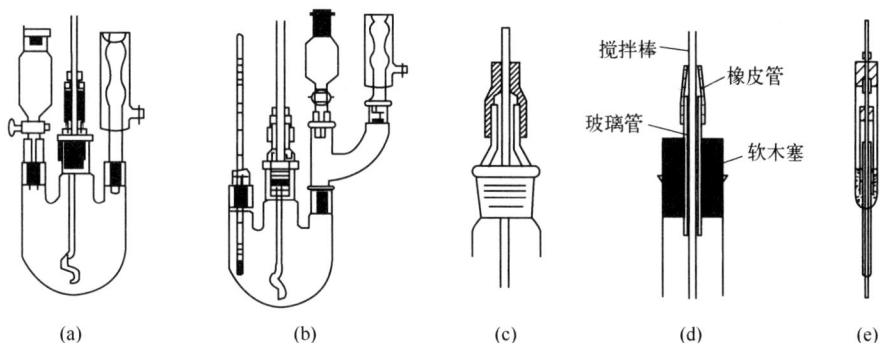

图 1.7 常用机械搅拌装置及其密封装置

机械搅拌过程中所使用的搅拌棒虽有多种形状，但安装时总是要求搅拌棒下端与瓶底有0.5～1cm 的距离。机械搅拌器不能超负荷使用，否则电机易发热而烧毁。使用时必须接上地线。平时要注意保养，保持清洁干燥，防潮防腐蚀。轴承应经常涂油保持润滑。

磁力搅拌器是利用磁场的转动来带动磁子转动的。磁子是由一小块金属被一层惰性材料（如聚四氟乙烯等）包裹着形成的，磁子长大约有 10mm、20mm、30mm，还有更长的磁子，磁子的形状有圆柱形、椭圆形和圆形等，可以根据实验的规模来选用。由于磁力搅拌器容易安装，因此，它可以用来进行连续搅拌，尤其当反应量比较少或反应在密闭条件下进行时，磁力搅拌器的使用更为方便。但缺点是对于一些黏稠液或有大量固体参加或生成的反应，磁力搅拌器无法顺利使用，这时就应选用机械搅拌器作为搅拌动力。

1.4.3 常见的加热设备

为了加速有机化学反应，以及将产物蒸馏、分馏等，往往需要加热。但是考虑到大多数有机溶剂是易燃易爆物，在实验室安全规则中规定禁止用明火直接加热（特殊需要除外）。为了保证加热均匀，一般使用热浴进行间接加热。作为传热的介质有空气、水、有机液体、熔融的盐和金属等，根据加热温度、升温的速度等需要，常用下列加热设备（见图1.8）。

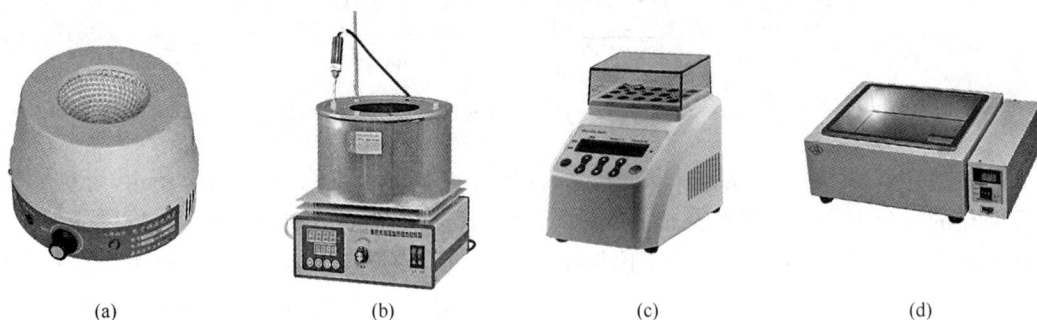

(a)　　　　　　　(b)　　　　　　　(c)　　　　　　　(d)

图1.8　常见的加热装置

（1）电热套加热器

半球形的电热套是属于比较好的空气浴，因为电热套中的电热丝是玻璃纤维包裹着的，较安全，一般可加热至400℃，电热套主要用于回流加热[图1.8（a）]。电热套有各种规格，取用时要与容器的大小相适应。为了便于控制温度，需连调压变压器。

（2）恒温水浴锅

实验室中常见的实验设备，其主要功能是在一定温度下保持液体的恒定温度。根据锅中盛装的液体分为恒温水浴锅、恒温油浴锅，其工作原理基于热交换和温度控制[见图1.8（b）]。

（3）金属浴锅

通常由一个金属容器和加热元件组成，容器设计为密封的，以防止温度损失和污染。加热元件通常位于容器的底部，通过电能加热并传递到容器中的样品[见图1.8（c）]。

（4）沙浴锅

一般是用铁盆装干燥的细海沙（或河沙），把反应容器半埋于沙中加热[见图1.8（d）]。

1.4.4 小型机电设备

（1）电吹风

实验室中的电吹风一般用途是干燥玻璃仪器，宜存放干燥处，防潮、防腐蚀。

（2）调压变压器

调压变压器是调节电源电压的一种装置，常用于调节加热电炉的温度、调整电动搅拌器转速等。使用时应注意几点：

① 电源应接到注明输入端的接线柱上，输出端的接线柱与搅拌器或电炉的导线相连，不

能接错。同时调压变压器应有良好的接地。

② 调节旋钮时应均匀缓慢，以防剧烈摩擦而引起火花或使炭刷接触点受损。如炭刷磨损较大应予以更换。

③ 不允许长期过载（如调压过高），以防烧毁。注意有时可能外标与炭刷不相对应。

④ 经常用软布拭去灰尘，使炭刷及绕线组接触的表面保持清洁。

⑤ 使用后应将旋钮调回零位，并切断电源，放在干燥通风处，不得靠近有腐蚀性的液体。

（3）烘箱

烘箱用来干燥玻璃仪器或烘干无腐蚀性、加热不分解的药品。挥发性易燃物或以酒精、丙酮淋洗过的玻璃仪器不能放入烘箱内，以免发生爆炸。烘箱使用说明：接上电源后，即可开启加热开关，再将控温旋钮由"0"位顺时针旋至一定程度（视烘箱型号而定），此时烘箱内即开始升温，红色指示灯亮。若有鼓风机，可开启鼓风机开关，使鼓风机工作。当烘箱升至工作温度（由烘箱顶上温度计读数得知）时，将控温旋钮按逆时针方向旋至指示灯刚熄灭。指示灯明灭交替即为恒温定点。一般干燥玻璃仪器时应先将水沥干，无水滴下再才放入烘箱，加热升温，将温度控制在 100～120℃。实验室中的烘箱是公用仪器，往烘箱里放玻璃仪器时应自上而下依次放入，以免残留的水滴滴下使已烘热的玻璃仪器炸裂。取出烘干好的仪器时应用干布衬手，以免烫伤。取出后不能碰水，以防炸裂。取出后的热玻璃仪器，若自行冷却，器壁常会凝上水汽，可用电吹风吹入冷风助其冷却。

（4）循环水式真空泵

它是以循环水作为工作流体的喷射泵，是由射流技术产生负压而设计的一种泵。其特点是体积小，节约水。

（5）旋转蒸发仪

旋转蒸发仪由电机带动可旋转的蒸发器（圆底烧瓶）、冷凝器和接收器组成，能够在常压或减压下操作，如图 1.9 所示。既可一次进料，也可分批吸入蒸发料液。由于蒸发器的不断旋转，不加沸石也不会暴沸。蒸发器旋转时，料液的蒸发面积会大大增加，加快了蒸发速度。因此，它是浓缩溶液、回收溶剂的理想装置。

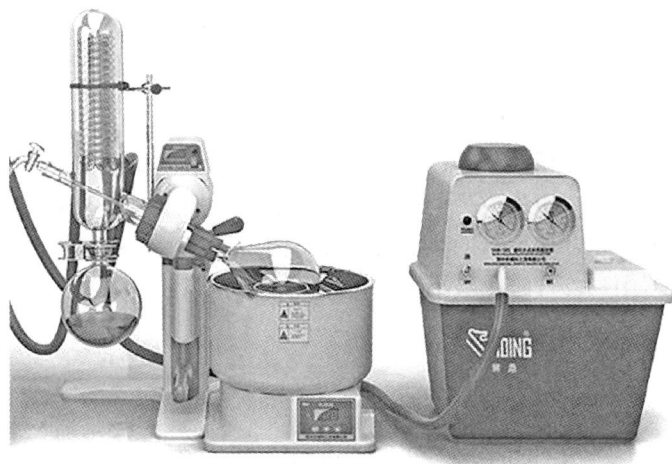

图 1.9　旋转蒸发仪和真空水泵

另外，有机实验室还会用到金属用具，如铁夹、铁架台、铁圈、镊子、剪刀、三角锉刀、圆锉刀、打孔器、不锈钢刮刀、切钠刀、升降台等。

1.5 化学试剂的取用和转移

1.5.1 化学试剂的规格

　　化学试剂按照纯度分成不同的规格，国产试剂通常分为四级，见表1.1。试剂规格越高，纯度越高，价格越贵。凡低规格试剂可以满足实验要求的应避免使用高规格试剂，以免造成浪费。有机化学实验中大量使用的是三级和四级试剂，有时甚至用工业品替代，取用时注意核对标签，以确认试剂规格无误。

表 1.1　国产试剂的规格

试剂级别	中文名称	代号及英文名称	标签颜色	主要用途
一级品	保证试剂或"优级纯"	GR（guaranteed reagent）	绿	用作基准物质，用于分析鉴定及精密的科学研究
二级品	分析试剂或"分析纯"	AR（analytical reagent）	红	用于分析鉴定及一般科学研究
三级品	化学纯试剂或"化学纯"	CP（chemically pure）	蓝	用于要求较低的分析实验和要求较高的合成实验
四级品	实验试剂	LR（laboratory reagent）	棕、黄或其他	用于一般性合成实验和科学研究

1.5.2 液体试剂的量取

　　液体试剂一般用量筒量取，用量少时可用移液管量取，用量少且计量要求不严格时也可用滴管吸取。观察刻度时应使眼睛与液体的弯月面底部平齐。黏度较大的液体可用天平称取，以免因黏附而造成过大的误差。量取腐蚀性液体时应戴乳胶手套，量取发烟硫酸或逸出有毒气体的液体应在通风橱内进行。

1.5.3 微量液体试剂的计量和转移

　　微量液体的量取通常使用注射器、微量移液管或者移液枪来操作。一般来说，转移对空气敏感的化合物时，注射器更为方便。注射器的针头可以插入橡胶塞中，防止管内易挥发或易氧化的液体挥发或氧化，使用后的注射器应及时清洗干净。用微量移液管转移有机液体可以直接转移到反应器中。移液枪的最小量程可以准确到 $0.1\mu L$。

1.5.4 试剂使用规则及保管方法

　　表1.1列出了试剂的级别与主要用途供选用试剂时参考。除上述一般试剂外，还有一些特殊要求的试剂，如指示剂、生化试剂和超纯试剂（如电子纯、光谱纯、色谱纯）等，这些都会在标签上注明，使用时需注意。因不同规格的试剂价格相差很大，选用时注意节约，且需防止因试剂超期而造成的浪费。若不同规格的试剂都能达到应有的实验效果，应尽量采用规格较低的试剂。

部分化学试剂具有易燃、易爆、腐蚀性或毒性等特性，使用过程中除注意安全和按操作规程操作外，保管时也要注意安全，要防火、防水、防挥发、防暴晒和防变质。化学试剂的保存，应根据试剂的毒性、易燃性、腐蚀性和潮解性等各不相同的特点，采用不同的保管方法。

① 一般单质和无机盐类的固体：应放在试剂柜内，无机试剂要与有机试剂分开存放。危险性试剂应严格管理，必须分类隔开放置，不能混放在一起。

② 易燃液体：主要是有机溶剂极易挥发成气体，遇明火即燃烧。实验中常用的有苯、乙醇、乙醚和丙酮等，应单独存放，要注意阴凉通风，特别要注意远离火源。

③ 易燃固体：无机物如硫黄、红磷、镁粉和铝粉等，着火点都很低，也应单独存放。存放地应通风、干燥。白磷在空气中可自燃，应保存在水里，并放于避光阴凉处。

④ 遇水燃烧的试剂：金属锂、钠、钾、电石和锌粉等，可与水剧烈反应，放出可燃性气体。锂要用石蜡密封，钠和钾应保存在煤油中，电石和锌粉等应放在干燥处。

⑤ 强氧化性试剂：氯酸钾、硝酸盐、过氧化物、高锰酸盐和重铬酸盐等都具有强氧化性，当受热、撞击或混入还原性物质时，就可能引起爆炸。保存这类物质，一定不能与还原性物质或可燃物放在一起，应存放在阴凉通风处。

⑥ 见光分解的试剂：如硝酸银、高锰酸钾等，与空气接触易氧化的试剂如氯化亚锡、硫酸亚铁等，都应存于棕色瓶中，并放在阴暗避光处。

⑦ 容易侵蚀玻璃的试剂：如氢氟酸、含氟盐、氢氧化钠等应保存在塑料瓶内。

⑧ 剧毒试剂：如氰化钾、三氧化二砷（砒霜）、升汞等，应特别注意由专人妥善保管，取用时严格做好记录，以免发生事故。

第 2 章
有机化学实验基本操作技术

2.1 简单玻璃工操作

玻璃工操作是有机化学实验中的重要操作之一，因为测熔点、薄层色谱所用的毛细管、点样管，蒸馏用的弯管，气体吸收装置，水蒸气蒸馏装置以及滴管、玻璃钉、搅拌棒等常需自己动手制作。最基本的玻璃工操作是拉玻璃管（又称拉丝、拉细）和弯玻璃管（又称弯曲）。

玻璃管的简单加工主要包括截断、熔光、拉细、弯曲、塞子钻孔和安装等几个部分。

截断，即将玻璃管平放在实验台上，左手按住要截断处的左侧，右手用锉刀的棱在要截断的位置锉出一道凹痕。锉刀应该向一个方向锉，不要来回拉，锉痕应与玻璃管垂直，这样才能保证断后的玻璃管截面是平整的。然后，手持玻璃管凹痕用拇指在凹痕后面轻轻向外加压，同时食指向外拉，使玻璃管断开，见图2.1。玻璃管和玻璃棒的断面很锋利，容易把手划破。锋利断面的玻璃管也难以插入塞子的圆孔内。所以，必须把玻璃管和玻璃棒的断面进行熔光。操作时，把截面斜插入喷灯氧化焰中，缓慢转动玻璃管使熔烧均匀，直到圆滑为止。热的玻璃管和玻璃棒应按顺序放在石棉网上冷却，不要用手触摸玻璃管热的部位，避免烫伤。

拉细，即双手持玻璃管，把要拉的位置斜放入氧化焰中，尽量增大玻璃管的受热面积，缓慢

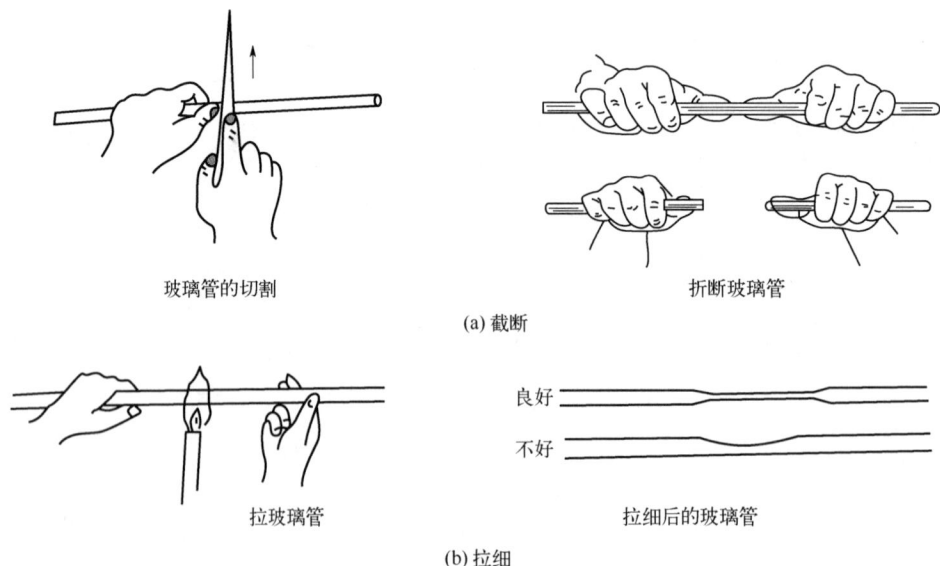

玻璃管的切割　　　　　　　　　　　折断玻璃管

(a) 截断

拉玻璃管　　　　　　　　　　　拉细后的玻璃管

(b) 拉细

图 2.1　玻璃管的截断和拉细

转动玻璃管。当玻璃管被烧到足够红软时，离开火焰稍停 1～2s，沿着水平方向边拉边旋转，拉到所需的细度时，一手持玻璃管使其竖直下垂冷却，然后按顺序放在石棉网上冷却至室温。待玻璃管冷却后，在拉细部分截断，即得到带有尖头的玻璃管。熔光时，粗的一端烧熔后立刻垂直并在石棉网上轻轻按压出沿状，冷却后安上胶头即成滴管；细的一端要小心加热熔光，避免烧结。

弯曲，即根据需要玻璃管可弯成不同的角度，弯管的方法可分为慢弯法和快弯法。慢弯法：玻璃管在氧化焰上加热（与拉玻璃管加热操作相同），当被烧到刚发黄变软能弯时，离开火焰，弯成一定角度。弯管时两手向上，玻璃管弯成 V 字形，见图 2.2。120°以上的角度可一次弯成，较小的角度可分几次弯成。先弯成一个较大的角度，以后的加热和弯曲都要在前次加热部位稍偏左或偏右处进行，直到弯成所需的角度，不要把玻璃管烧得太软，能弯就弯，一次不要弯得角度太大。快弯法：左手拿玻璃管从未封口一端用嘴吹气，右手持尖头的一端向上弯管，一次弯成所需的角度。这种方法要求喷灯的火焰宽些，加热温度要高，弯成的角比较圆滑。注意吹的时候用力不要过大，以免将玻璃管吹漏气或变形。通过慢弯法和快弯法的操作，弯出 120°、90°、60°角的弯管各一支，作为成品交给老师检查是否合乎要求。

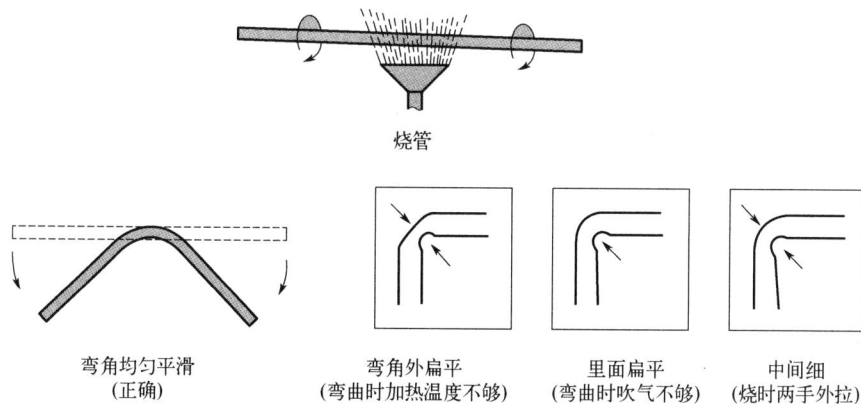

烧管

弯角均匀平滑
（正确）

弯角外扁平
（弯曲时加热温度不够）

里面扁平
（弯曲时吹气不够）

中间细
（烧时两手外拉）

图 2.2　弯玻璃管

实验室常用的塞子有玻璃塞、橡胶塞、软木塞、塑料塞。玻璃塞一般是磨口的，与瓶口配合紧密，但带有磨口塞的玻璃瓶不适合于装碱性物质。软木塞不易与有机物质作用，但易被碱腐蚀。橡胶塞既可以把瓶口塞紧又可以耐碱腐蚀，但易被强酸和某些有机物质所侵蚀。当塞子上需要插入温度计或玻璃管时，就需要钻孔。实验室经常用的钻孔工具是钻孔器，它是一组粗细不同的金属管。钻孔器前端很锋利，后端有柄可用手握，钻孔后进入管内的橡胶或软木用带柄的铁条捅出。具体步骤如下：在橡胶塞上钻孔，要选择一个比欲插入的玻璃管稍粗的钻孔器。先将塞子面积大的一面放在实验台上，用一只手按住塞子，另一只手握钻孔器的柄，在要求钻孔的位置上，用力向下压并向同一方向旋转钻孔器。当钻孔器进入塞子的深度大于塞子厚度的一半时，将钻孔器反向旋转拔出，再把塞子翻过来，在面积大的面的同一位置上，用钻孔器钻到两面相通为止。钻孔时钻孔器必须保持与塞子的底面垂直，以免将孔钻斜，为了减少摩擦力可在钻孔器上涂上甘油。对于软木塞，需先用压塞机压实，或用木板在实验台上压实，然后选择比欲插入的玻璃管略细的钻孔器，其余操作如前所述。橡胶的摩擦力较大，为橡胶塞钻孔时一般用力较大，应注意安全，避免受伤。最后安装玻璃管，孔钻好后，将玻璃管前端用水润湿，转动下把管插入塞中合适的位置。注意手握管的位置应靠近塞子，不要用力过猛，以免折断玻璃管扎伤手。可用毛巾等把玻璃管包上，防止扎伤。如果玻璃管很容易插入，说明塞子的孔过大不能用。若塞子的孔过小时可先用圆锉将孔锉大，然后插入玻璃管。

2.2　加热方法

为了加速有机反应，往往需要加热，加热方式有直接加热和间接加热。在有机化学实验室里一般不用直接加热，例如用电热板加热圆底烧瓶，会因受热不均匀，导致局部过热，甚至烧瓶破裂，所以，在实验室安全规则中规定禁止用明火直接加热易燃的溶剂。为了保证加热均匀，一般使用热浴间接加热，作为传热的介质有空气、水、有机液体、熔融的盐和金属。根据加热温度、升温速度等的需要，常采用下列手段。

（1）空气浴

这是利用热空气间接加热的方式，沸点在80℃以上的液体均可采用。把容器放在石棉网上加热，就是最简单的空气浴。但是，受热仍不均匀，故不能用于回流低沸点易燃的液体或者减压蒸馏。常压蒸馏或减压蒸馏的过程中如果要用电热套，一定注意温度控制，因为在蒸馏过程中容器内物质逐渐减少，会使容器壁过热。

（2）水浴

当加热的温度不超过100℃时，最好使用水浴加热，水浴为较常用的热浴。但是，必须指出，用到钾和钠的操作，绝不能在水浴上进行。使用水浴时，勿使容器触及水浴器壁或其底部。由于水浴中的水不断蒸发，适当时添加水，使水浴中水面经常保持稍高于容器内的液面。

（3）油浴

当加热温度在100～200℃时，应使用油浴，优点是使反应物受热均匀，反应物的温度一般低于油浴温度20℃左右。使用油浴加热时要特别小心，防止着火，当油浴受热冒烟时，应立即停止加热，油浴中应挂一温度计，可以观察油浴的温度和有无过热现象，同时便于调节控制温度，温度不能过高，否则受热后有溢出的危险。使用油浴时要防止产生可能引起油浴燃烧的因素。加热完毕取出反应容器时，用铁夹夹住反应器离开油浴液面悬置片刻，待容器壁上附着的油滴完后，再用纸片或干布擦干器壁。

常用的油浴液如下。

① 甘油：可以加热到140～150℃，温度过高时则会分解。

② 植物油：如菜油、蓖麻油和花生油等，可以加热到220℃，常加入1%对苯二酚等抗氧化剂，便于久用，温度过高时则会分解，达到闪点时可能会燃烧起来，所以，使用时要小心。

③ 石蜡：能加热到200℃左右，冷却到室温时凝成固体，保存方便。

④ 有机硅油：可以加热到200℃左右，温度稍高时并不分解，但较易燃烧。

用油浴加热时，要特别小心，防止着火，当油受热冒烟时，应立即停止加热。油浴中应挂一支温度计，可以观察油浴的温度和有无过热现象，便于调节火焰控制温度。

油量不能过多，否则受热后有溢出而引起火灾的危险。使用油浴时要极力防止产生可能引起油浴燃烧的因素。

（4）金属浴

选用适当的低熔合金，可加热至 350℃ 左右，一般不超过 350℃。否则，合金将会被迅速氧化。

（5）沙浴

加热沸点在 80℃ 以上的液体时可以采用，特别适用于加热温度在 220℃ 以上者，但沙浴的缺点是传热慢，温度上升慢，且不易控制，因此，沙层要薄一些。沙浴中应插入温度计，温度计水银球要靠近反应器。

2.3 干燥和干燥剂

有机物干燥的方法大致有物理方法（不加干燥剂）和化学方法（加入干燥剂）两种。物理方法如吸收、分馏等，近年来应用分子筛来脱水。在实验室中常用化学方法干燥，其特点是在有机液体中加入干燥剂，干燥剂与水起化学反应（例如 $2Na + 2H_2O \longrightarrow 2NaOH + H_2\uparrow$）或同水结合生成水化物，从而除去有机液体所含的水分，达到干燥的目的。用这种方法干燥时，有机液体中所含的水分不能太多（一般在百分之几以下）。否则，必须使用大量的干燥剂，同时有机液体因被干燥剂带走而造成的损失也较大。

2.3.1 液体的干燥

液体常用化学方法干燥。常用干燥剂的种类很多，选用时必须注意下列几点：干燥剂与有机物应不发生任何化学变化，对有机物亦无催化作用；干燥剂应不溶于有机液体中；干燥剂的干燥速度快，吸水量大，价格便宜。

常用干燥剂有下列几种：

无水氯化钙价廉、吸水能力大，是最常用的干燥剂之一，与水化合可生成一、二、四或六水化合物（在 30℃ 以下）。它只适于烃类、卤代烃、醚类等有机物的干燥，不适于醇、胺和某些醛、酮、酯等有机物的干燥，因为氯化钙能与它们形成络合物。也不宜用作酸（或酸性液体）的干燥剂。

无水硫酸镁是中性盐，不与有机物和酸性物质起作用。可作为各类有机物的干燥剂，它与水生成 $MgSO_4 \cdot 7H_2O$（48℃ 以下）。价较廉，吸水量大，故可用于干燥不能用无水氯化钙干燥的许多化合物。

无水硫酸钠的用途和无水硫酸镁相似，价廉，但吸水能力和吸水速度都差一些。与水结合生成 $Na_2SO_4 \cdot 10H_2O$（37℃ 以下）。当有机物水分较多时，常先用本品处理后再用其他干燥剂处理。

无水碳酸钾吸水能力一般，与水生成 $K_2CO_3 \cdot 2H_2O$，作用慢，可用于干燥醇、酯、酮、腈类等中性有机物和生物碱等一般的有机碱性物质。但不适用于干燥酸、酚或其他酸性物质。

金属钠：醚、烷烃等有机物用无水氯化钙或无水硫酸镁等处理后，若仍含有微量的水分时，可加入金属钠（切成薄片或压成丝）除去水分。不宜用作醇、酯、酸、卤代烃、醛、酮及某些胺等能与碱起反应或易被还原的有机物的干燥剂。

现将各类有机物的常用干燥剂列于表 2.1 中。

表 2.1　各类有机物的常用干燥剂

液态有机化合物	常用干燥剂
醚类、烷烃、芳烃	$CaCl_2$、Na、P_2O_5
醇类	K_2CO_3、$MgSO_4$、Na_2SO_4、CaO
醛类	$MgSO_4$、Na_2SO_4
酮类	$MgSO_4$、Na_2SO_4、K_2CO_3
酸类	$MgSO_4$、Na_2SO_4
酯类	$MgSO_4$、Na_2SO_4、K_2CO_3
卤代烃	$CaCl_2$、$MgSO_4$、Na_2SO_4、P_2O_5
有机碱类（胺类）	$NaOH$、KOH

　　液态有机化合物的干燥操作一般在干燥的锥形瓶内进行。把按照条件选定的干燥剂投入液体中，塞紧（用金属钠作干燥剂时则例外，此时塞子中应插入一个无水氯化钙干燥管，使氢气放空而水汽不致进入），振荡片刻，静置，使所有的水分全被吸去。如果水分太多，或干燥剂用量太少，致使部分干燥剂溶解于水时，可将干燥剂滤出，用吸管吸出水层，再加入新的干燥剂，放置一定时间，将液体与干燥剂分离，进行蒸馏精制。

2.3.2　固体的干燥

　　从重结晶得到的固体常带水分或有机溶剂，应根据化合物的性质选择适当的方法进行干燥。

　　自然晾干是最简便、最经济的干燥方法。先把要干燥的化合物放在一张滤纸上压平，然后薄薄地摊开，用另一张滤纸覆盖起来，在空气中慢慢地晾干。

　　加热干燥：对于热稳定的固体可以放在烘箱内烘干，加热的温度切忌超过该固体的熔点，以免固体变色和分解，如需要可在真空恒温干燥箱中干燥。

　　红外线干燥的特点是穿透性强，干燥快。

　　干燥器干燥：易吸湿或在较高温度下干燥时会分解或变色的有机物可用干燥器干燥，干燥器有普通干燥器和真空干燥器两种。

2.4　有机化合物物理常数测定

　　自然界中有机化合物种类繁多，每天还有大量的新的化合物不断被合成，外观相似、状态相似的化合物也大量存在。但是，每一种确定结构的有机化合物都具有不一样的物理化学性质。有机化合物比较重要的物理性质有熔点、沸点、折射率、旋光度、黏度、相对密度等。这些物理性质不仅是鉴定有机化合物的重要常数，也是有机化合物纯度的标志。这些常数的测定在有机合成，以及鉴定未知化合物方面具有非常重要的意义。

　　对于一纯的化合物而言，在一定条件下，这些物理常数都是确定的。而且，固态化合物的熔程、液态化合物的沸程都比较窄，一般不超过 $0.5\sim1℃$。所以，无论是从自然界中提取，还是采用化学方法合成的化学物质，其纯度如何，都可以用测定某些物理常数的方法来确定。同时也可以在核磁共振、红外、紫外等分析基础上进一步帮助验证化合物的结构。

　　学生在掌握有机化合物物理常数测定技术的基础上，进行有机化合物物理常数的测定以及有机化合物化学性质的实验，可以对所学的有机化学知识及相关理论进行验证，加深和巩固对所学知识的认识和理解，同时也可以对有机化合物进行相关的鉴定，以及进行有机化合物的合成，并有利于熟悉一些常用仪器的使用方法。理解物理常数测定的意义，有利于学生掌握化学实验基本操作，同时也有助于培养学生严谨的科学态度。

2.4.1 有机化合物熔点的测定

物质的熔点是其固液两态在大气压力下相互平衡时的温度。纯固体有机化合物的熔点是很清晰的，即在一定的压力下，固液两态之间的变化是非常敏锐的，自初熔至全熔（熔点范围称为熔程），温度变化不超过 0.5～1℃。如果该物质含有杂质，则其熔点往往较纯粹者低，且熔程较长。故测定熔点对于鉴定纯粹有机物和定性判断固体化合物的纯度具有很大的价值。

如果在一定的温度和压力下，将某物质的固液两相置于同一容器中，将可能发生三种情况：固相迅速转化为液相；液相迅速转化为固相；固相液相同时存在，对应的温度 T_M 即为该物质的熔点，见图 2.3～图 2.5。物质的熔点与分子结构存在一定的关系，粗略地说，分子结构对称的化合物的熔点要比非对称结构的化合物的高，如正烷烃的熔点比同样碳数的异构烷烃的高；对立体异构的化合物而言，反式化合物通常具有较高的熔点，如顺式丁烯二酸熔点比反式丁烯二酸的低。熔点又随化合物的缔合度而上升，因此，不能形成氢键的酯类化合物的熔点就比相应的羧酸低很多。

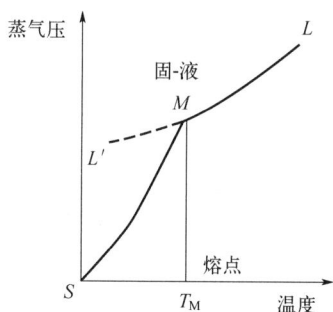

图 2.3　纯物质的温度与蒸气压曲线

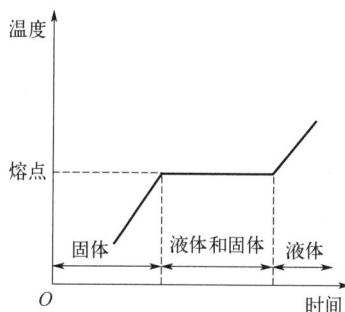

图 2.4　纯物质加热时温度随时间的变化曲线

（1）毛细管法测定固体有机物熔点

实验操作：按图 2.6（a）组装实验装置，向 b 形管中加入石蜡，至其液面在上叉管处。用橡皮筋将毛细管套在温度计上，温度计通过开口塞（保持常压测定）插入其中，水银球位于上下叉管中间。加入样品使水银球位于其中部。仪器安装和样品加入好后，用酒精灯加热侧管。要调整好火焰，越接近熔点，升温要越缓慢。密切观察样品的变化，当样品部分透明（即塌陷）时即为始熔温度，当样品完全消失全部透明时即为全熔温度，记录数据。

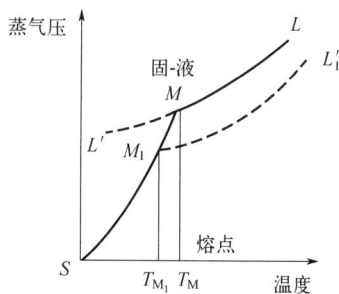

图 2.5　纯物质、混合物蒸气压随温度的变化曲线

（2）显微熔点测定仪测定固体有机物熔点

可视化显微熔点测定是研究和观察材料在加热条件下变形、变色、三态转变等物理变化过程的有力检测手段。数字显微熔点仪是在数字熔点仪的基础上，配有显微镜，可以放大几

倍到几百倍，仔细观察样品在加热条件下的颜色变化、变形以及物质的三态转化，也可以进行显微摄影[见图2.6（b）]。熔点可以用盖玻片法测定，也可以用药典规定的毛细管法测定，特别是深色样品，如医药中间体和色素。要获得准确的熔点值，首先要用熔点标准物质进行测量和校正，求校正值（校正值=标准值-测得的熔点值），在测量过程中用作校正依据，此时，样品的熔点值=样品测量值的校正值。注意：标准物质的熔点值与要测量的样品的熔点值越接近越好。

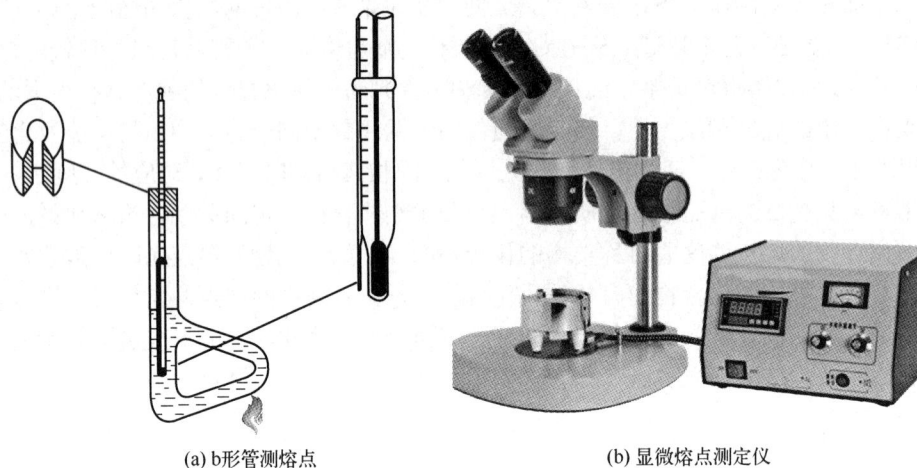

(a) b形管测熔点   (b) 显微熔点测定仪

图2.6 熔点测定实验装置

2.4.2 液态有机物沸点的测定

外界压力对沸点有显著影响。液态有机物受热时，其蒸气压随温度升高而增大，当它的蒸气压与外界压力相等时，液态有机物沸腾，此时的温度即为该液态有机物在此外界压力下的沸点。杂质对沸点的影响，与此杂质的性质关系极大，如样品中含有挥发性的溶剂杂质时，沸点的变化相当大，而如果向样品中加入沸点相同的物质（理想条件下），对样品的沸点一点影响也没有，一般来说，少量杂质的存在对沸点的影响不如对熔点那么显著。因此，对于物质的鉴定和作为纯度的标准来说，沸点的意义不如熔点那么大。

纯液体有机物在一定压力下具有一定的沸点，沸程很短，一般不超过1～2℃。测定沸点有两种方法：①常量法，以常压蒸馏装置进行测定；②微量法，以测定熔点的装置来进行测定，这种方法相比常量法操作难度大，且准确性不如常量法高，故一般采用常量法测定。

2.4.3 折射率的测定

光在各种介质中的传播速度各不相同，当光线通过两种不同介质的界面时会改变方向。当光线从一种介质进入另一种介质时，由于在两介质中光速的不同，在界面上发生折射现象，而折射角与介质密度、分子结构、温度以及光的波长等有关。将空气作为标准介质，在相同条件下测定折射角，经过换算后即得该物质的折射率。

用斯涅尔（Snell）定律表示为：$n=\sin\alpha/\sin\beta$，α 是入射光（空气中）与界面垂线之间的夹角，β 是折射光（在液体中）与界面垂线之间的夹角。入射角正弦值与折射角正弦值之比等于介质 B 对介质 A 的相对折射率，见图2.7。用单色光要比白光测得的折射率更为精确，所以测定折射率时要用钠光（波长 589nm）。

折射率是液体有机化合物重要的特性常数之一，折射率的测定，常用阿贝（Abbe）折光仪。主要用途：测定所合成的已知化合物折射率与文献值对照，可作为鉴定有机化合物纯度的一个标准；合成未知化合物，经过结构及化学分析确证后，测得的折射率可作为一个物理常数记录；将折射率作为检测原料、溶剂、中间体及最终产品纯度的依据之一，一般多用于液体有机化合物。

化合物的折射率与它的结构及入射光线的波长、温度、压力等因素有关。通常大气压的变化影响不明显。所

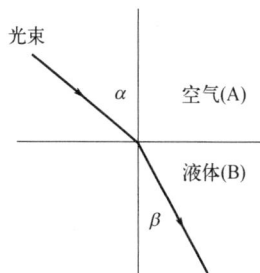

图 2.7　光线的折射

以，在测定折射率时必须注明所用的光线和温度，常用 n_D^t 表示。D 表示以钠光灯的 D 线（589nm）作光源，常用的折光仪虽然用白光作光源，但用棱镜系统加以补偿，实际测得的仍为钠光 D 线的折射率。t 是测定折射率时的温度。例如 $n_D^{20}=1.3320$ 表示 20℃时，该介质对钠光灯 D 线的折射率为 1.3320。一般地讲，当温度增高 1℃时液体有机化合物的折射率就减少 3.5×10^{-4}～5.5×10^{-4}（表 2.2）。某些有机物，特别是测定折射率时的温度与其沸点相近时，其温度系数可达 7×10^{-4}。为了便于计算，一般采用 4×10^{-4} 为其温度变化系数。这个粗略计算，当然会带来误差，为了精确起见，一般折光仪应配有恒温装置。

表 2.2　不同温度下纯水和乙醇的折射率

温度/℃	18	20	24	28	32
水	1.3332	1.3330	1.3326	1.3322	1.3316
乙醇	1.3613	1.3605	1.3589	1.3572	1.3556

2.5　固体有机化合物的分离与纯化

2.5.1　重结晶

重结晶法是提纯固体有机化合物的方法之一。重结晶法的原理是利用混合物中各组分在某种溶剂中的溶解度不同，将被提纯物质溶解在热的溶剂中达到饱和（被提纯物质溶解度一般随温度升高而增大），趁热过滤除去不溶性杂质，然后冷却时由于溶解度降低，溶液变成过饱和而使被提纯物质从溶液中析出结晶，让杂质全部或大部分仍留在溶液中，从而达到提纯目的。重结晶法的一般过程为：将样品溶于适宜的热溶剂中制成饱和溶液，趁热过滤除去不溶性杂质。如溶液的颜色深，则应先脱色，再进行热过滤。冷却溶液，或蒸发溶剂，使之慢慢析出结晶而杂质则留在母液中，减压过滤分离母液与结晶，洗涤结晶，除去附着的母液，干燥结晶，最后测定晶体的熔点。

一般重结晶法只适用于提纯杂质含量在 5%以下的晶体化合物,如果杂质含量大于 5%时，必须先采用其他方法进行初步提纯，如萃取、水蒸气蒸馏等，然用重结晶法提纯。

在重结晶法中选择适宜的溶剂是非常重要的，否则，达不到提纯的目的，它必须符合下面几个条件：与被提纯的有机化合物不起化学反应；被提纯的有机化合物应在热溶剂中易溶，而在冷溶剂中几乎不溶；对杂质的溶解度非常大或非常小（前者使杂质留在母液中不

随提纯物晶体一同析出，后者杂质在热过滤时被滤掉）；要提纯的有机化合物能生成较整齐的晶体；溶剂的沸点不宜太低，也不宜太高；若过低时，溶解度改变不大，难分离，且操作困难，过高时，附着于晶体表面的溶剂不易除去；溶剂最好价廉易得，常见的溶剂有水、乙醇、丙酮、石油醚、四氯化碳、苯和乙酸乙酯等。一般常用的混合溶剂有乙醇-水、乙醇-乙醚、乙醇-丙酮、乙醚-石油醚、苯-石油醚等。

重结晶的装置选择方法如下：溶解样品时常用锥形瓶或圆底烧瓶作容器，既可减少溶剂的挥发，又便于摇动促进固体物质溶解。但当采用的溶剂是低沸点易燃或有毒的有机化合物液体时，必须选用回流装置。若固体物质在溶剂中溶解速度较慢，需要较长加热时间时，也要采用回流装置，以免溶剂损失。在趁热过滤时，一般选用无颈漏斗，也可选用热水漏斗。滤纸采用折叠式，以加快过滤速度。

重结晶一般采用如下操作步骤：

首先正确选择溶剂。可根据溶解的一般规律，即相似相溶原理选择溶剂。溶质往往易溶于结构与其相似的溶剂中。通过查阅资料得到某化合物在各种溶剂中不同温度下的溶解度。在实际工作中往往通过试验来选择溶剂，试验方法如下：

取 0.1g 被提纯物质结晶置于一小试管中，用滴管逐滴滴加溶剂，并不断振摇，待加入的溶剂约为 1mL 时，在水浴上加热至沸腾，使其完全溶解，冷却后析出大量结晶，这种溶剂一般认为是合适的；如样品在冷却或加热时，都能溶于 1mL 溶剂中，表示这种溶剂不适用。若样品不全溶于 1mL 沸腾的溶剂中时，则可逐步添加溶剂，每次约加 0.5mL，并加热至沸腾，若加入溶剂总量达 3mL 时，样品在加热时仍然没有完全溶解，表示这种溶剂也不适用。若样品能溶于 3mL 以内的沸腾的溶剂中，则将它冷却，观察有没有结晶析出，还可用玻璃棒摩擦试管壁或用冰水浴冷却，以促使结晶析出，若仍未析出结晶，则这种溶剂也不适用。若有结晶析出，则以结晶析出的多少来选择溶剂。

按照上述方法逐一试验不同的溶剂后，可以选用结晶收率好、操作简便、毒性小、价格低廉的溶剂来进行重结晶。如果难于找到一种合适的溶剂时，可采用混合溶剂，混合溶剂一般由两种能以任何比例互溶的溶剂组成，其中一种对被提纯物质的溶解度较大，而另一种对被提纯物质的溶解度较小。使用混合溶剂的重结晶操作与使用单一溶剂时的情况相同。

其次溶解样品及趁热过滤。通常先将样品和计算量的溶剂一起加热至沸腾（该温度不能高于样品的熔点），直到样品全部溶解。若无法计算所需溶剂的量，可将样品先与少量溶剂一起加热至沸腾，然后逐渐添加溶剂，每次加入后再加热至沸腾，直到样品全部溶解，如有不溶性杂质则趁热过滤。样品完全溶解后若溶液有颜色，则将沸腾溶液稍冷后加入相当样品质量1%～5%的活性炭，不时搅拌或振摇，加热煮沸 5～10min 以后再趁热过滤。样品溶解后，若溶液澄清透明，确定无不溶性杂质，可省略趁热过滤这步操作。

再次析出晶体。将趁热过滤后收集的滤液静置，让它慢慢地自然冷却下来，一般在几小时后才能完全冷却。冷却过程中不要振摇滤液，更不要将其浸在冷水甚至冰水中快速冷却，否则往往得到细小的晶粒，表面上容易吸附较多杂质。但也不要使形成的晶粒过大，晶粒过大往往有母液和杂质包裹在结晶内部。当发现有生成大晶粒（约超过 2mm）的趋势时，可缓慢振摇，以降低晶粒的大小。如果溶液冷却后仍不结晶，可用玻璃棒摩擦器壁引发晶体形成。如果不析出晶体而得到油状物时，可加热至成清液后，让其自然冷却至开始有油状物析出时，立即剧烈搅拌，使油状物分散，也可搅拌至油状物消失。如果结晶不成功，通常必须用其他方法（色谱、离子交换法）提纯。

从次减压过滤和洗涤。把结晶从母液中分离出来，通常采用减压过滤（抽滤）。抽滤前先用少量溶剂将滤纸润湿，轻轻抽气，使滤纸紧紧贴在漏斗上，继续抽气，把要过滤的混合物倒入漏斗中，使固体物质均匀地分布在整个滤纸面上，用少量滤液将黏附在容器壁上的结晶洗出并转移至漏斗中。抽滤至无滤液滤出时，将玻璃瓶塞倒置在结晶表面上并用力挤压，尽量除去母液，滤得的固体，习惯叫滤饼。为了除去结晶表面的母液，应进行洗涤滤饼的工作。洗涤前将连接抽滤瓶的橡胶管拔开，把少量溶剂均匀地洒在滤饼上，使全部结晶刚刚被溶剂盖好为度，重新接上橡胶管，把溶剂抽去，重复操作两次，就可把滤饼洗净。

最后干燥晶体并测定熔点。在测定熔点前，晶体必须充分干燥。常用的干燥方法有如下几种。①空气晾干：将抽干的晶体转移至表面皿，铺成薄层，上面盖一张干净的滤纸，于室温下放置，一般要经过几天后才能彻底干燥；②烘干：一些对热稳定的化合物可以在该化合物熔点以下约10℃的温度下进行烘干；③用滤纸吸干：有些晶体吸附的溶剂在过滤时很难抽干，这时可将晶体放在两、三层滤纸上，上面再用滤纸挤压以吸出溶剂，此法的缺点是晶体上易粘上一些滤纸纤维；④置真空干燥器中干燥。晶体充分干燥后，采用显微熔点测定仪测定晶体的熔点。

重结晶的操作注意事项：

① 溶解样品过程中，要尽量避免溶质的液化，应在比熔点低的温度下进行溶解。

② 溶解过程中，不要因为重结晶的物质中含有不溶解的杂质而加入过量的溶剂。

③ 为避免趁热过滤时晶体在漏斗上或漏斗颈中析出造成损失，溶剂可稍过量20%。

④ 使用活性炭脱色应注意以下几点：

a. 加活性炭以前，首先将待结晶化合物完全溶解在热溶剂中，用量根据杂质颜色深浅而定，一般用量为固体质量的1%～5%。加入后煮沸5～10min。在不断搅拌下，若一次脱色不成功，可再加少量活性炭，重复操作。

b. 不能向正在沸腾的溶液中加入活性炭，以免溶液暴沸。

c. 活性炭对水溶液脱色较好，对非极性溶液脱色较差。

⑤ 过滤易燃溶液时，特别要注意附近的情况，以免发生火灾。

⑥ 要用折叠滤纸过滤，从漏斗上取出结晶时，通常把晶体和滤纸一起取出，待干燥后用刮刀轻敲滤纸，结晶即全部掉下来，注意勿使滤纸纤维黏附于晶体上。

2.5.2 升华

升华是提纯固体有机化合物的方法之一。某些物质在固态时具有相当高的蒸气压，当加热时，不经过液态而直接汽化，蒸气受到冷却又直接冷凝成固体，这个过程叫升华和凝华。一般来说，对称性较高的固态物质，具有较高的熔点，易于用升华来提纯。升华得到的产品一般具有较高的纯度，此法特别适用于提纯易潮解及与溶剂起解离作用的物质。为了了解和控制升华的条件，就必须研究固、液、气三相平衡，如图2.8所示。图中 ST 表示固相和气相平衡时固体的蒸气压曲线，TW 是液相与气相平衡时液体的蒸气压曲线，两曲线在 T 处相交，此点即为三相点。在此点，固、液、气三相可同时存在。TV 曲线表示固、液两相平衡时的温度和压力，它指出了压力对熔点的影响并不大。这一曲线和其他两曲线在 T 处相交。最简单的升华装置如图2.9所示，在蒸发皿中放置粗产物，上面覆盖一张刺有许多小孔的滤纸。然后将大小合适的玻璃漏斗倒盖在上面，漏斗的颈部塞有玻璃毛或者脱脂棉花团，以减少蒸气的逃逸。在石棉网上缓慢加热蒸发皿，小心调节火焰，控制温度低于被升华物质的熔点，使其慢慢升华。蒸气通过滤纸小孔上升，冷却后凝结在滤纸上或漏斗壁上。

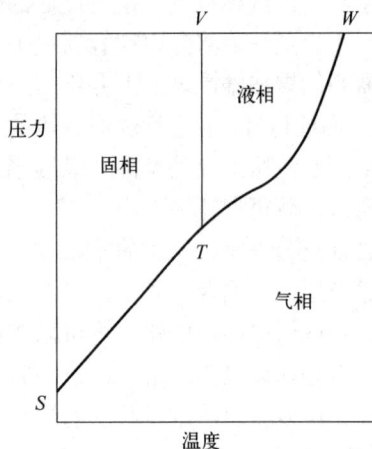

图 2.8 物质三相平衡图

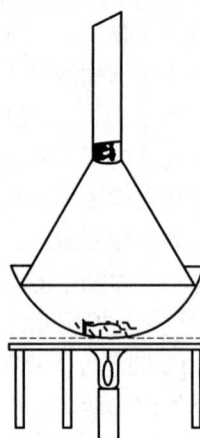

图 2.9 升华装置

2.6 液体有机化合物的分离和纯化

蒸馏是分离和提纯液态物质的最重要的方法。最简单的蒸馏是通过加热使液体沸腾，产生的蒸气在冷凝管中冷凝下来并被收集在另一容器中的操作过程。液体分子由于分子运动有从表面逸出的倾向，这种倾向随温度的升高而加大，这就造成了液体在一定的温度下具有一定的蒸气压，与体系中存在的液体和蒸气的绝对量无关。当液体的蒸气压与外界压力相等时，液体沸腾，即达到沸点。每种纯液态化合物在一定压力下具有固定的沸点。根据不同的物理性质将蒸馏分为普通蒸馏、水蒸气蒸馏和减压蒸馏。

2.6.1 普通蒸馏

普通蒸馏操作可用于测定液体化合物的沸点、提纯或除去不挥发性物质、回收溶剂或蒸出部分溶剂以浓缩溶液，主要用于分离液体混合物。由于很多有机物在 150℃以上已完全分解，而沸点低于 40℃的液体用普通蒸馏操作又难免造成损失，故普通蒸馏主要用于沸点在40～150℃之间的液体分离，同时普通蒸馏只是进行一次蒸发和冷凝的操作，因此待分离的混合物中各组分的沸点要有较大的差别时才能有效地分离，通常沸点应相差 30℃以上，使用的装置见图 1.5（a）。

（1）装置组成

汽化部分：由圆底烧瓶、蒸馏头、温度计组成。液体在瓶内受热汽化，蒸气经蒸馏头侧管进入冷凝器中，蒸馏瓶大小的选择原则为一般待蒸馏液体的体积不超过其容积的 2/3，也不少于 1/3。

冷凝部分：由冷凝管组成，蒸气在冷凝管中冷凝成为液体。当液体的沸点高于 140℃时选用空气冷凝管，低于 140℃时则选用水冷凝管（通常采用直形冷凝管而不采用球形冷凝管）。冷凝管下端侧管为进水口，上端侧管为出水口，安装时应注意上端出水口侧管应向上，保证套管内充满水。

接收部分：由接液管、接收器（圆底烧瓶或梨形瓶）组成，用于收集冷凝后的液体。当所用接液管无支管时，接液管和接收器之间不可密封，应与外界大气相通。

热源：当液体沸点低于80℃时通常采用水浴，高于80℃时采用封闭式的电加热器配上调压变压器控温。

（2）装配要点

安装的顺序一般是从热源处开始，然后由下而上，从左往右依次安装。

① 以热源高度为基准，用铁夹夹在烧瓶瓶颈上端并固定在铁架台上。

② 装上蒸馏头和冷凝管，使冷凝管的中心线和蒸馏头支管的中心线成一直线，然后移动冷凝管与蒸馏头支管使它们紧密连接起来，在冷凝管中部用铁架台和铁夹固定，再依次装上接液管和接收器。整个装置要求准确端正，无论从正面或侧面观察，全套装置中各个仪器的中心线都要在同一平面内。所有的铁架台和铁夹都应尽可能整齐地放在仪器的背部。

③ 在蒸馏头上装上配套专用温度计，如果没有专用温度计可用搅拌套管或橡胶塞装上一温度计，调整温度计的位置，使温度计水银球上端与蒸馏头支管的下端在同一水平线上，如图2.10所示，以便在蒸馏时它的水银球能完全被蒸气包围，若水银球偏高则引起所测温度偏低，反之，则偏高。

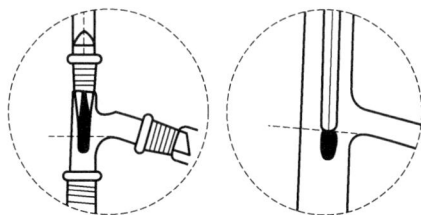

图 2.10　蒸馏头中温度计的位置

④ 如果蒸馏所得的产物易挥发、易燃或有毒，可在接液管的支管上接一根长橡胶管，做好尾气吸收工作。若室温较高，馏出物沸点低甚至沸点与室温接近，可将接收器放在冷水浴或冰水浴中冷却，如图2.11所示。

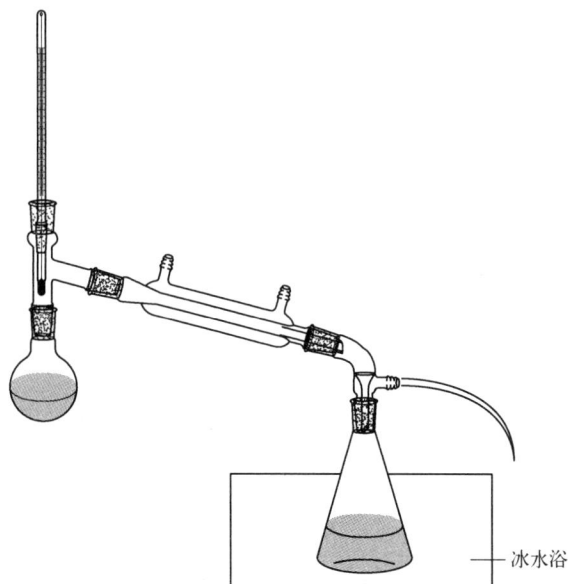

——冰水浴

图 2.11　带尾气吸收的蒸馏装置

⑤ 假如蒸馏出的产品易受潮分解或是无水产品，可在接液管的支管上连接一氯化钙干燥管。

（3）操作方法

① 将样品沿瓶颈慢慢倾入蒸馏烧瓶，加入数粒沸石，以便在液体沸腾时，沸石内的小气泡成为液体汽化中心，保证液体平稳沸腾，防止液体过热而产生暴沸，然后按由下而上，从左往右依次安装好蒸馏装置。

② 检查仪器的各部分连接是否紧密和妥善。

③ 接通冷凝水，开始加热，随加热进行瓶内液体温度慢慢上升，瓶内液体逐渐沸腾，当蒸气的顶端到达温度计水银球部分时，温度计读数开始急剧上升。这时应适当控制加热程度，使蒸气顶端停留在原处加热瓶颈上部和温度计，让水银球上液体和蒸气达到平衡，此时温度正是馏出液的沸点。然后适当加大加热程度，进行蒸馏，控制蒸馏速度，以每秒 1～2 滴为宜。蒸馏过程中，温度计水银球上应始终附有冷凝的液滴，以保持气液两相平衡，这样才能确保温度计读数的准确。

④ 记录第一滴馏出液落入接收器的温度（初馏点），此时的馏出液是物料中沸点较低的液体，称"前馏分"。前馏分蒸完，温度趋于稳定后蒸出的就是较纯的物质（此过程温度变化非常小），当这种组分基本蒸完时，温度会出现非常微小的回落（加热过快会出现温度不降反而快速上升的现象），说明这种组分蒸完。记下这部分液体开始馏出时和最后一滴落入接收器时的温度读数，即是该馏分的"沸程"。纯液体沸程一般不超过 1～2℃。

⑤ 当所需的馏分蒸出后，应停止蒸馏，不要将液体蒸干，以免造成事故。

⑥ 蒸馏结束后，称量馏分和残液并记录。

⑦ 蒸馏结束后，先移去热源，冷却后停止通水，按装配时的逆向顺序逐件拆除装置。

（4）注意事项

① 蒸馏前加沸石。若忘记加沸石，必须在液体温度低于其沸腾温度时方可补加，切忌在液体沸腾或接近沸腾时加入沸石。

② 始终保证蒸馏体系与大气相通。

③ 蒸馏过程中欲向烧瓶中添加液体，必须停止加热冷却后进行，不得中断冷凝水。

④ 对于乙醚等易生成过氧化物的化合物，蒸馏前必须检验过氧化物，若含过氧化物务必除去后方可蒸馏且不得蒸干，蒸馏硝基化合物也切忌蒸干，以防爆炸。

⑤ 当蒸馏易挥发和易燃的物质时，不得使用明火加热，否则容易引起火灾事故。

⑥ 停止蒸馏时应先停止加热，冷却后再关冷凝水。

⑦ 严格遵守实验室的各项规定（如：用电、用火等）。

2.6.2 水蒸气蒸馏

水蒸气蒸馏是用来分离和提纯液态或固态有机化合物的一种方法。其过程是在不溶或难溶于热水并有一定挥发性的有机化合物中加入水后加热或通入水蒸气后加热，使其沸腾后冷却蒸气使有机物和水同时被蒸馏出来。水蒸气蒸馏的优点在于所需要的有机物可在较低的温度下从混合物中蒸馏出来，通常用于下列几种情况：某些高沸点的有机物，在常压下蒸馏虽可与副产品分离，但其会发生分解；混合物中含有大量树脂状杂质或不挥发性杂质，采用蒸馏、萃取等方法都难以分离；从较多固体反应物中分离出被吸附的液体产物；要求除去易挥发的有机物。

当不溶或难溶有机物与水一起共热时整个系统的蒸气压，根据分压定律，应为各组分蒸气压之和，即 $p_{总} = p_{水} + p_{有机物}$。当总蒸气压（$p_{总}$）与大气压力相等时混合物沸腾。显然，混合物的沸腾温度（混合物的沸点）低于任何一个组分单独存在时的沸点，即有机物可在比其沸点低得多的温度，而且低于水的正常沸点下安全地被蒸馏出来。

使用水蒸气蒸馏时，被提纯有机物应具备下列条件：不溶或难溶于水；共沸腾下，与水不发生化学反应；在水的正常沸点时必须具有一定的蒸气压（一般不小于 1333Pa）。

（1）仪器装置

图 2.12 是实验室常用的装置，包括水蒸气发生器、蒸馏部分、冷凝部分和接收部分四个部分。

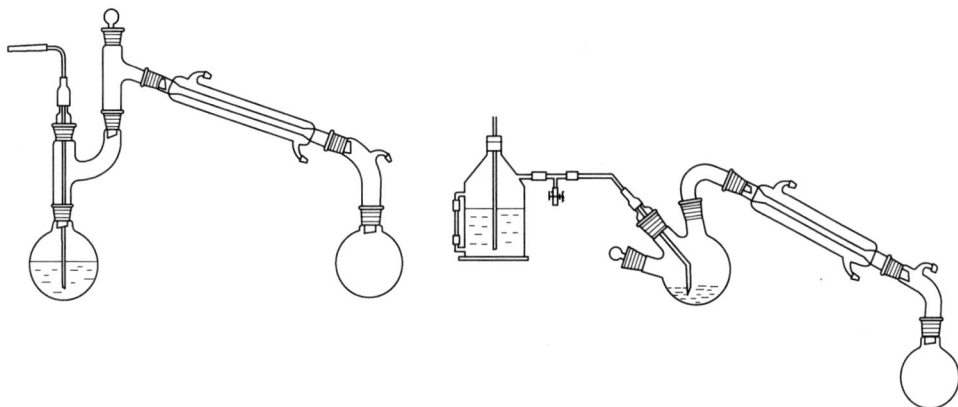

图 2.12　水蒸气蒸馏装置

① 水蒸气发生器：一般使用专用的金属制的水蒸气发生器，也可用 500mL 圆底烧瓶代替（配一根长 1m，直径约为 7mm 的玻璃管作安全管），水蒸气发生器导出管与一个 T 形管相连，T 形管的支管套上一短橡胶管。橡胶管用螺旋夹夹住，以便及时除去冷凝下来的水滴，T 形管的另一端与蒸馏部分的导管相连（这段水蒸气导管应尽可能短些，以减少水蒸气的冷凝）。

② 蒸馏部分：采用圆底烧瓶，配上克氏蒸馏头，这样可以避免蒸馏时液体的跳动造成液体从导出管冲出，以致沾污馏出液。为了减少由于反复换容器而造成的产物损失，常直接利用原来的反应器，进行水蒸气蒸馏。

③ 冷凝部分：一般选用直形冷凝管。

④ 接收部分：选择合适容量的圆底烧瓶或梨形瓶作接收器。

（2）装配要点

① 水蒸气发生器上必须装有安全管，安全管不宜太短，下端应插到接近底部，盛水量通常为发生器容量的一半，最多不超过 2/3。

② 水蒸气发生器与水蒸气导管之间必须连接 T 形管，水蒸气导管尽量短，以减少蒸汽的冷凝。

③ 被蒸馏的物质的体积一般不超过（烧瓶）容积的 1/3，水蒸气导管不宜过细，一般选用内径大于或等于 7mm 的玻璃管。

（3）操作方法

将被蒸馏的物质加入烧瓶中，加入的量尽量不超过烧瓶容积的 1/3，仔细检查各接口处是否漏气，并将 T 形管上螺旋夹打开。开启冷凝水，然后开始加热水蒸气发生器，当 T 形管的支管有蒸汽冲出时，再逐渐旋紧 T 形管上的螺旋夹，水蒸气开始通向烧瓶。

① 如果水蒸气在烧瓶中冷凝过多，烧瓶内混合物体积增加，以至超过烧瓶容积的 2/3，或者水蒸气蒸馏速度不快时，可对烧瓶进行加热，要注意烧瓶内液体蹦跳现象，如果蹦跳剧烈，则不应加热，以免发生意外。蒸馏速度以每秒 2～3 滴为宜。

② 欲中断或停止蒸馏一定要先旋开 T 形管上的螺旋夹，然后停止加热，最后关冷凝水。否则烧瓶内混合物将倒吸到水蒸气发生器中。

③ 当馏出液澄清透明，不含有油珠状的有机物时，即可停止蒸馏。

（4）注意事项

① 蒸馏过程中，必须随时检查水蒸气发生器中的水位是否正常，安全管水位是否正常，有无倒吸现象，一旦发现不正常，应立即将 T 形管上螺旋夹打开，找出原因排除故障，然后逐渐旋紧 T 形管上的螺旋夹，继续进行蒸馏。

② 蒸馏过程中，必须随时观察烧瓶内混合物体积的增加情况，混合物是否有蹦跳现象，蒸馏速度是否合适，是否有必要对烧瓶进行加热。

2.6.3　减压蒸馏

某些沸点较高的有机化合物在常压下加热还未达到沸点时便会发生分解、氧化或聚合的现象，所以不能采用普通蒸馏，使用减压蒸馏即可避免这种现象的发生。因为当蒸馏系统内的压力降低后，其沸点便降低，使得液体在较低的温度下汽化而逸出，继而冷凝成液体，然后收集在一容器中，这种在较低的压力下进行蒸馏的操作称为减压蒸馏。减压蒸馏对于分离或提纯沸点较高或性质比较不稳定的液态有机化合物具有特别重要的意义。

通常把低于 $1×10^{-5}Pa$ 的气态空间称为真空，欲使液体沸点下降得多就必须提高系统内的真空程度。实验室常用水喷射泵（水泵）或真空泵（油泵）来提高系统真空度。

在进行减压蒸馏前，应先从文献中查阅清楚欲蒸馏物质在选择压力下相应的沸点。一般来说，当系统内压力降低到 15mmHg（1mmHg=133.3Pa）左右时，大多数高沸点有机物的沸点随之下降 100～125℃左右；当系统内压力在 10～15mmHg 之间进行减压蒸馏时，大体上压力每相差 133.3Pa，沸点相差约 1℃。

（1）减压蒸馏的装置

减压蒸馏装置主要包括：蒸馏部分、测压计、吸收装置、安全瓶和减压泵，如图 2.13 所示。

① 蒸馏部分：由蒸馏烧瓶、冷凝管、接收器三部分构成。蒸馏烧瓶采用圆底烧瓶。冷凝管一般选用直形冷凝管，如果蒸馏液体较少且沸点高或为低熔点固体可不用冷凝管。接收器一般选用多个梨形（圆形）烧瓶接在多头接液管上。

② 测压计：测压计（压力计）有玻璃和金属两种。常使用的是水银压力计（压差计），是将汞装入 U 形玻璃管中制成的，分为开口式和封闭式，开口式水银压力计的特点是管长必须超过 760mm，读数时必须配有大气压计，因为两管中汞柱高度的差值是大气压力与系统内压之差，所以蒸馏系统内的实际压力应为大气压力减去这一汞柱高度的差值。封闭式水银压力计轻巧方便，两管中汞柱高度的差值即为系统内压，但不及开口式水银压力计所量压力准确，常用开口式水银压力计来校正。金属制压力表，其所量压力的准确度完全由机械设备的精密度决定。一般的压力表所量压力不太准确，然而它轻巧，不易损坏，使用安全，对测量压力准确度要求不太高时用其非常方便。

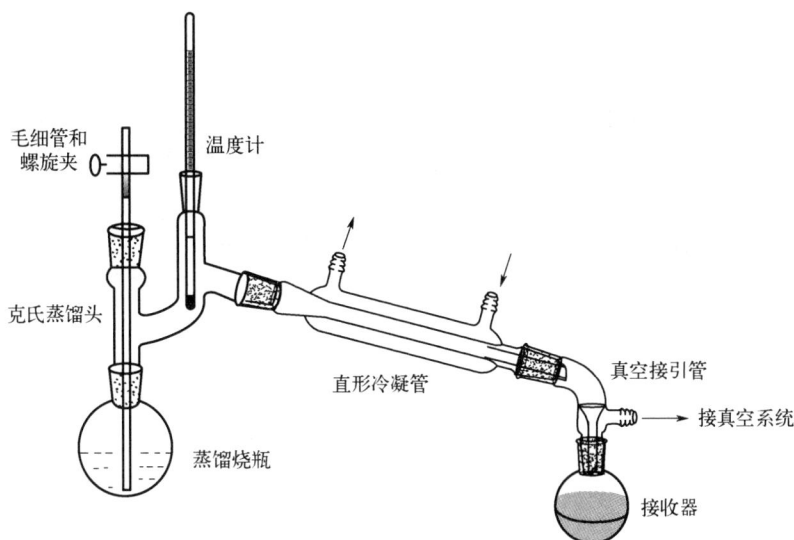

图 2.13　减压蒸馏装置

③ 吸收装置：只有使用真空泵（油泵）时采用此装置，其作用是吸收对真空泵有害的各种气体或蒸气，以保护减压设备。一般由下述几部分组成：a. 捕集管。用来冷凝水蒸气和一些挥发性物质，捕集管外用冰-盐混合物冷却。b. 氢氧化钠吸收塔。用来吸收酸性蒸气。c. 硅胶（或用无水氯化钙）干燥塔。用来吸收经捕集管和氢氧化钠吸收塔后还未除净的残余水蒸气。

④ 安全瓶：一般用抽滤瓶，壁厚耐压，安全瓶与减压泵和测压计相连，并配有活塞用来调节系统压力及放气。

⑤ 减压泵：实验室常用的减压泵有水喷射泵（水泵）和真空泵（油泵）两种。若不需要很低的压力时可用水喷射泵（水泵），若需要很低的压力时就要用真空泵（油泵）了。"粗"真空（系统压力大于 $10 \times 133.3 Pa$），一般可用水喷射泵（水泵）获得。"次高"真空（系统压力小于 $10 \times 133.3 Pa$，大于 $133.3 \times 10^{-3} Pa$），可用油泵获得。"高"真空（系统压力小于 $133.3 \times 10^{-3} Pa$），可用扩散泵获得。

（2）装配要点

装配时要注意仪器应安排得十分紧凑，既要做到系统通畅，又要做到不漏气，气密性好，所有橡胶管最好用厚壁的真空用的橡胶管，磨口处均匀地涂上一层真空脂。如果能用水喷射泵（水泵）达到要求，则尽量使用水喷射泵。如果蒸馏物中含有挥发性杂质，可先用水喷射泵减压抽除，然后改用真空泵（油泵）。

（3）操作方法

进行装配前，首先检查减压泵抽气时所能达到的最低压力（应低于蒸馏所需值）。装配完成后，开始抽气，检查系统能否达到所要求的压力，如果不能满足要求，说明漏气，则分段检查出漏气的部位（通常是接口部分），在解除真空后进行处理，直到系统能达到所要求的压力为止。解除真空，装入待蒸馏液体，其量不得超过烧瓶容积的 1/2，然后开启减压泵抽气，调节安全瓶上的活塞达到所需压力。开启冷凝水，开始加热，液体沸腾时，应调节热源，控制蒸馏速度以每秒 1～2 滴为宜。整个蒸馏过程中密切注意温度计和测压计的读数，并记录压力、相应的沸点等数据。当达到要求时，小心转动接液管，收集馏出液，直到蒸馏结束。蒸馏完毕，除去热源，待系统稍冷后，缓慢解除真空，关闭减压泵，最后关闭冷凝水，按从右往左、由上而下的顺序拆卸装置。

（4）注意事项

蒸馏液中含低沸点组分时，应先进行普通蒸馏再进行减压蒸馏。减压系统中应选用耐压的玻璃仪器，切忌使用薄壁的甚至有裂纹的玻璃仪器，尤其不要使用平底瓶（如锥形瓶），否则易引起内向爆炸。蒸馏过程中若有堵塞或其他异常情况，必须先停止加热，稍冷后，缓慢解除真空后才能进行处理。抽气或解除真空时，一定要缓慢进行，否则汞柱急速变化，有冲破测压计的危险。解除真空时，一定稍冷后进行，否则大量空气进入有可能引起残液的快速氧化或自燃，发生爆炸。

2.6.4　分馏

蒸馏可以分离两种或两种以上沸点相差较大（大于30℃）的液体混合物，而对于沸点相差较小的或沸点接近的液体混合物仅用一次蒸馏不可能把它们分开。若要获得良好的分离效果，就需要采用分馏的方法。

分馏实际上就是沸腾着的混合物蒸气通过分馏柱（工业上用分馏塔）进行一系列的热交换，由于柱外空气的冷却，蒸气中的高沸点组分被冷却为液体，回流入烧瓶中，上升的蒸气中低沸点组分含量就相对地增加，当上升的蒸气遇到回流的冷凝液时，两者之间又进行热交换，使上升的蒸气中高沸点的组分又被冷凝，低沸点的组分仍继续上升，低沸点组分的含量又增加了，如此在分馏柱内反复进行着汽化、冷凝、回流等程序，当分馏柱的效率相当高且操作正确时，在分馏柱顶部出来的蒸气就接近于纯的低沸点组分。这样，最终便可将沸点不同的物质分离出来。实质上分馏过程与蒸馏相类似，不同的是多了一个分馏柱，使冷凝、蒸发的过程由一次变成多次，大大提高了蒸馏的效率。因此，简单地说分馏就等于多次蒸馏。

在分馏过程中，有时可能得到与单纯化合物相似的混合物，它也具有固定的沸点和组成，这种混合物称为共沸混合物（或恒沸混合物），它的沸点（高于或低于其中的每一组分）称为共沸点，该混合物不能用分馏法进一步分离。分馏的效率与回流比有关。回流比是指在同一时间内被冷凝的蒸气重新回柱内得到的冷凝液数量与柱顶馏出的蒸馏液数量之间的比值。一般来说，回流比越高分馏效率就越高，但回流比太高，则蒸馏液的量少，分馏速度慢。

（1）分馏装置

通常情况下的分馏装置与蒸馏装置所不同的地方就在于多了一个分馏柱。由于分馏柱构造上的差异分馏装置有简单和精密之分。

（2）装配要点

分馏柱用铁夹固定。为尽量减少柱内热量的散失和由于外界温度影响造成柱温的波动，通常分馏柱外必须进行适当的保温，以便能始终维持温度平衡。对于比较长，绝热又差的分馏柱，则常常需要在柱外绕上电热丝以提供外加的热量。使用高效率的分馏柱，控制回流比，才可以获得较高的分馏效果。

（3）操作方法

将待分馏的混合物放入圆底烧瓶中，加入沸石，按图2.14安装好装置。选择合适的热源，开始加热。当液体一沸腾就及时调节热源，使蒸气慢慢升入分馏柱，约10～15min后蒸气到达柱顶，这时可观察到温度计的水银球上出现了液滴。调小热源，让蒸气仅到柱顶而不进入支管就全部冷凝，回流到烧瓶中，维持5min左右，使填料完全湿润，开始正常地工作。调大热源，控制液体的馏出速度为每2～3秒1滴，这样可得到较好的分馏效果。待温度计读数骤然下降，说明低沸点组分已蒸完，可继续升温，按沸点高低顺序收集第二、第三种组分的馏出液，当欲收集的组分全部收集完后，停止加热。

（4）注意事项

参照普通蒸馏中的注意事项。一定要缓慢进行，控制好恒定的分馏速度；要有足够量的液体回流，保证合适的回流比；尽量减少分馏柱的热量失散和温度波动。

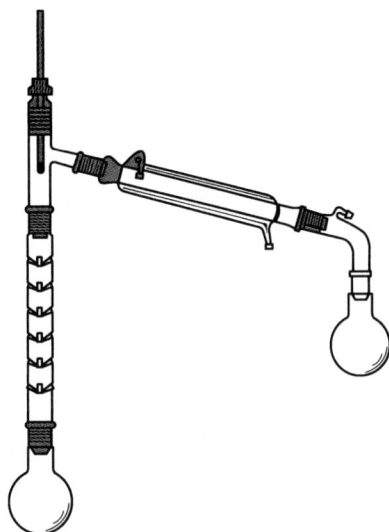

图 2.14　分馏装置

2.7　萃取

萃取也是分离和提纯有机化合物常用的操作之一。应用萃取可以从固体或液体混合物中提取出所需要的物质，也可以用来洗去混合物中少量的杂质。通常称前者为"抽提"或"萃取"，后者为"洗涤"。萃取是利用物质在两种不互溶（或微溶）溶剂中分配特性的不同来达到分离、提纯或纯化目的的一种操作。萃取常用分液漏斗进行，分液漏斗的使用是基本操作之一。

2.7.1　萃取的原理

设溶液由有机化合物 X、溶解 X 的溶剂 A 构成。要从其中萃取 X，可选择一种对 X 溶解度极好，而与溶剂 A 不相混溶和不起化学反应的溶剂 B，把溶液放入分液漏斗中，加入溶剂 B，充分振荡，静置后，由于 A 和 B 不相混溶，故分成两层，利用分液漏斗进行分离。此过程中 X 在 B、A 两相间的浓度比，在一定温度下为一常数，叫作分配系数，以 K 表示，这种关系叫作分配定律。

$$K=c_B/c_A$$

式中，c_B 为化合物 X 在溶剂 B 中的浓度；c_A 为化合物 X 在溶剂 A 中的浓度。

假设：V_A 为原溶液的体积，mL；m_0 为萃取前溶质 X 的总质量，g；m_1、m_2、…、m_n 分别为萃取一次、二次……n 次后 A 溶剂中溶质的剩余质量，g；V_B 为每次萃取所加溶剂的体积，mL。

第一次萃取后：$\dfrac{(m_0 - m_1)/V_B}{m_1/V_A} = K$　　　$m_1 = m_0\left(\dfrac{V_A}{KV_B + V_A}\right)$

第二次萃取后：$\dfrac{(m_1 - m_2)/V_B}{m_2/V_A} = K$　　　$m_2 = m_1\left(\dfrac{V_A}{KV_B + V_A}\right)$

第 n 次萃取后：　　　$m_n = m_0\left(\dfrac{V_A}{KV_B + V_A}\right)^n$

例如：100mL 水中含有溶质的质量为 4g，在 15℃时用 100mL 苯来萃取（$K=3$）。如果用 100mL 苯进行一次萃取，可提出 3.0g 溶质。如果用 100mL 苯分三次，每次以 33.3mL 萃取，则可提出 3.5g 溶质。由此可见，将 100mL 苯分三次连续萃取要比一次萃取有效得多。依照分配定律，要节省溶剂而提高提取的效率，将一定量的溶剂一次加入溶液中萃取，则不如把这个量的溶剂分成几份作多次萃取好。

2.7.2 液体物质的萃取

（1）仪器装置

最常用的萃取器皿为分液漏斗，常见的有圆球形、圆筒形和梨形三种，如图 2.15 所示。

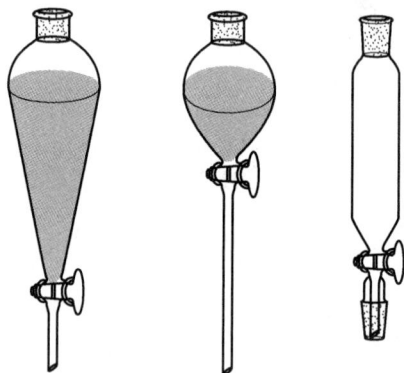

图 2.15　分液漏斗

分液漏斗从圆球形到长的梨形，其漏斗越长，振摇后两相分层所需时间越长。因此，当两相密度相近时，采用圆球形分液漏斗较合适，一般常用梨形分液漏斗。

无论选用何种形状的分液漏斗，加入全部液体的总体积不得超过其容积的 3/4。盛有液体的分液漏斗，应妥善放置，否则玻璃塞及活塞易脱落，而使液体倾洒，造成不应有的损失。正确的放置方法通常有两种：一种是将其放在用棉绳或塑料膜缠扎好的铁圈上，铁圈则牢固地固定在铁架台的适当高度；另一种是在漏斗颈上配一塞子，然后用万能夹牢固地将其夹住并固定在铁架台的适当高度。但不论如何放置，从漏斗口接收放出液体的容器内壁都应贴紧漏斗颈。

（2）装配要点

选择容积较液体体积大 1~2 倍的分液漏斗，检查玻璃塞和活塞芯是否与分液漏斗配套，如不配套，往往漏液或根本无法操作，待确认可以使用后方可使用。使用前将分液漏斗的活塞芯擦干，并在上面薄薄地涂上一层润滑脂，如凡士林（注意：不要涂进活塞孔里），将活塞芯塞进活塞，旋转数圈使润滑脂均匀分布（呈透明状）后将活塞关闭好，再在活塞芯的凹槽处套上一直径合适的橡皮圈，以防活塞芯在操作过程中因松动漏液或因脱落使液体流失造成实验的失败。需要干燥的分液漏斗时，要特别注意拔出活塞芯，检查活塞是否洁净、干燥，不合要求者，经洗净干燥后方可使用。

（3）操作方法

① 如图 2.16 所示操作，将含有机化合物的溶液和萃取剂（一般为溶液体积的 1/3），依次自上而下倒入分液漏斗中，装入量约占分液漏斗容积的 1/3，塞上玻璃塞。注意：玻璃塞上如有侧槽必须将其与漏斗上端口径的小孔错开！

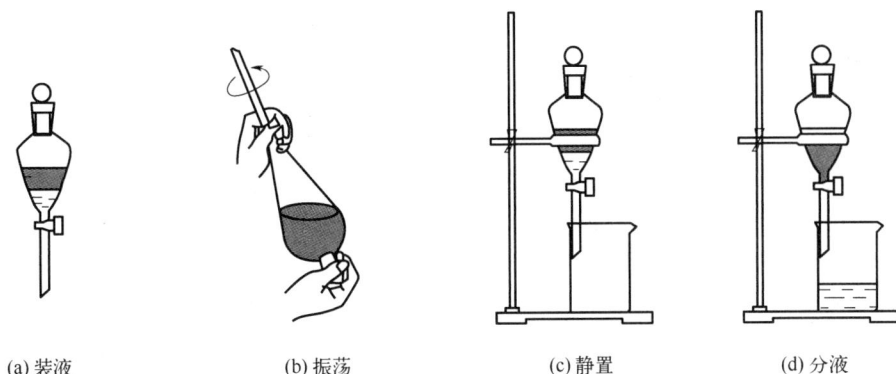

(a) 装液   (b) 振荡   (c) 静置   (d) 分液

图 2.16 操作示意图

② 取下漏斗，用右手握住漏斗上端口径，并用手掌顶住塞子，左手握住漏斗活塞处，用拇指和食指压紧活塞，并能将其自由地旋转。将漏斗稍倾（下部支管朝上）后，由外向里或由里向外振摇，以使两液相之间的接触面积增加，提高萃取效率。在开始时摇振要慢，每摇几次以后，就要将漏斗上口向下倾斜，下部支管朝向斜上方的无人处，左手仍握在支管处，食拇两指慢慢打开活塞，使过量的蒸气逸出，这个过程称为"放气"。这对低沸点溶剂如乙醚或者酸性溶液用碳酸氢钠或碳酸钠水溶液萃取放出二氧化碳来说尤为重要，否则漏斗内压力将大大超过正常值，玻璃塞或活塞可能被冲脱使漏斗内液体损失。待压力减小后，关闭活塞。振摇和放气重复几次，至漏斗内超压很小，再剧烈振摇 2～3min，最后将漏斗静置。

③ 移开玻璃塞或旋转带侧槽的玻璃塞使侧槽对准上端口径的小孔。待两相液体分层明显，界面清晰时，缓缓旋转活塞，放出下层液体，收集在大小适当的小口容器（如锥形瓶）中，下层液体接近放完时要放慢流出速度，放完后要迅速关闭活塞。取下漏斗，打开玻璃塞，将上层液体由上口倒出，收集在另一容器中。一般宜用小口容器，大小也应当事先选择好。

④ 一般萃取 3～5 次，在完成每次萃取后一定不要丢弃任何一层液体，即使搞错也还有挽回的机会。如要确认哪一层为所需液体，可参照溶剂的密度，也可将两层液体取出少许，试验其在两种溶剂中的溶解性质。

（4）注意事项

① 萃取过程中可能会产生两种问题：第一，萃取时剧烈的摇振会产生乳化现象，使两相界面不清，难以分离。引起这种现象的原因往往是存在浓碱溶液，或溶液中存在少量轻质沉淀，或两液相的密度相差较小，或两溶剂易发生部分互溶。破坏乳化现象的方法是较长时间

静置，或加入少量电解质（如氯化钠），或加入少量稀酸（对碱性溶液而言），或加热，还可以滴加乙醇。第二，在界面上出现未知组成的泡沫状的固态物质。遇此问题可在分层前过滤除去，即在接收液体的瓶上置一漏斗，漏斗中松松地放少量脱脂棉，将液体过滤。

② 若萃取溶剂为易生成过氧化物的化合物（如醚类）且萃取后为进一步纯化需蒸去此溶剂，则在使用前，应检查溶剂中是否含过氧化物，如含有，应除去后方可使用。

③ 若使用低沸点、易燃的溶剂，操作时附近的火都应熄灭，并且当实验室中操作者较多时，要注意通风，保持空气流通。

④ 上层液一定要从分液漏斗上口倒出，切不可从下面活塞放出，以免被残留在漏斗颈的第一种液体所沾污。

⑤ 分液时一定要尽可能分离干净，有时在两相间可能出现的一些絮状物应与弃去的液体层放在一起。

⑥ 以下任一操作环节都可能造成实验失败：分液漏斗不配套或活塞润滑脂未涂好造成漏液或无法操作；对溶剂和溶液体积估计不准，使分液漏斗装得过满，摇振时不能充分接触，妨碍该化合物对溶剂的分配过程，降低萃取效果；忘了把活塞关好就将溶液倒入，待发现后大部分溶液已流失；摇振时，上口气孔未封闭，致使溶液漏出，或者不经常开启活塞放气，使漏斗内压力增大，溶液自玻璃塞缝隙渗出，甚至冲掉玻璃塞，溶液漏失，漏斗损坏，严重时会产生爆炸事故；静置时间不够，两液相分层不清晰时分出下层，不但没有达到萃取的目的，反而使杂质混入；放气时，下部支管不要对着人，以免有害气体对人产生伤害。

2.7.3 固体物质的提取

固体物质的提取，通常采用下列两种方法。

（1）长期浸出法

依靠溶剂对固体物质长期的浸润溶解而将其中所需要的成分溶解出来，此法虽不要任何特殊器皿，但效率不高，而且只有在所选用的溶剂对待浸出组分有很大溶解度时才比较有效，否则要用大量溶剂。

（2）索氏提取法

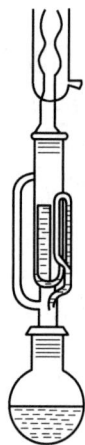

采用索氏提取器，如图 2.17 所示，它也叫脂肪提取器。利用萃取溶剂在烧瓶中加热成蒸气通过蒸气导管被冷凝管冷却成液体聚集在提取器中，与滤纸套内固体物质接触进行萃取，当液面超过虹吸管的最高处时，与溶于其中的萃取物一起流回烧瓶。这一操作连续进行，自动地将固体中的可溶物质富集到烧瓶中，因而效率高且节约溶剂。下面主要介绍索氏提取法。

① 仪器装置　索氏提取装置下部为圆底烧瓶，放置萃取剂，中间为提取器，放被萃取的固体物质，上部为冷凝器。提取器上有蒸气上升管和虹吸管。

② 装配要点　按由下而上的顺序，先调节好热源的高度，以此为基准，然后用万能夹固定住圆底烧瓶。装上提取器，在上面放置球形冷凝管并用万能夹夹住，调整角度，使圆底烧瓶、提取器、冷凝管在同一条直线上且垂直于实验台面。滤纸套大小既要紧贴器壁，又要能方便取放，其高

图 2.17　索氏提取装置

度不得超过虹吸管，纸套可折成凹形，以保证回流液均匀浸润被萃取物。

③ 操作方法　先研细固体物质，以增加液体浸润的面积，然后将固体物质放在滤纸套内，置于提取器中。通冷凝水，选择适当的热浴进行加热。当溶剂沸腾时，蒸气通过玻璃管上升，被冷凝管冷却为液体，滴入提取器中。当液面超过虹吸管的最高处时，溶剂即虹吸流回烧瓶，因而萃取出溶于溶剂的部分物质。就这样利用回流、溶解和虹吸作用将固体中的可溶性物质富集到烧瓶中。然后用其他方法将萃取到的物质从溶液中分离出来。

④ 注意事项　研细固体物质时要严谨，防止固体物质颗粒太小以致漏出堵塞虹吸管；在圆底烧瓶内要加入沸石。

2.8　色谱分离技术

色谱分离技术是 20 世纪初在研究植物色素时发现的一种分离分析方法，借以分离和鉴定一些结构和性质相近的有机有色物质，色谱一词由此而得名。长期以来，经过不断改进，已成功地发展成为多种类型的色谱分离方法，成为化学工作者的有力工具。根据其操作方法的不同，可以分为薄层色谱、柱色谱、纸色谱等。

2.8.1　纸色谱

纸色谱与吸附色谱的分离原理不同。纸色谱不是以滤纸的吸附作用为主，而是以滤纸作为载体，根据各成分在两相溶剂中分配系数不同而进行分离的。例如，亲脂性较强的流动相在含水的滤纸上移动时，样品中各组分在滤纸上受到两相溶剂的影响，产生分配现象。亲脂性较强的组分在流动相中分配较多，移动速度较快，有较高的 R_f 值。反之，亲水性较强的组分在固定相中分配较多，移动较慢，从而使样品得到分离。色谱用的滤纸要求厚薄均匀。

纸色谱和薄层色谱一样，主要用于分离和鉴定。纸色谱的优点是便于保存，对亲水性较强的成分分离较好，如酚和氨基酸；其缺点是所费时间较长，一般要几小时至几十小时。滤纸越长，分离越慢，因为溶剂上升速度随高度的增加而减慢，但分离效果好。

（1）操作要点

① 滤纸的选择：滤纸应厚薄均匀，全纸平整无折痕，滤纸纤维松紧适宜。

② 展开剂的选择：根据被分离物质的不同，选用合适的展开剂。展开剂应对被分离物质有一定的溶解度，溶解度太大，被分离物质会随展开剂跑到前沿；溶解度太小，则会留在原点附近，使分离效果不好。选择展开剂应注意下列几点。

a. 能溶于水的化合物：以吸附在滤纸上的水作固定相，以与水能互溶的有机溶剂作展开剂（如醇类）。

b. 难溶于水的极性化合物：以非水极性溶剂（如甲酰胺，N, N-二甲基甲酰胺等）作固定相，以不能与固定相溶的非极性溶剂（如环己烷、苯、四氯化碳、氯仿等）作展开剂。

c. 不溶于水的非极性化合物：以非极性溶剂（如液体石蜡、α-溴萘等）作固定相，以极性溶剂（如水、含水乙醇、含水乙酸等）作展开剂。

（2）操作方法

① 将滤纸切成纸条，大小可自行选择，一般约为 3cm×20cm、5cm×30cm 或 8cm×50cm。

② 取少量试样完全溶解在溶剂中，配制成约 1%的溶液。用铅笔在离滤纸底一端 2～3cm 处画线，即为点样位置。

③ 用内径约为 0.5mm 管口平整的毛细管吸取少量试样溶液，在滤纸上按照已写好的编号顺序分别点样，控制点样直径为 2~3mm。每点一次样可用电吹风吹干或在红外灯下烘干。如有多种样品，则各点间距离约为 2cm。

④ 在展开槽中加入展开剂，将已点样的滤纸晾干后悬挂在展开槽中饱和，将点有试样的一端放入展开剂液面下约 1cm 处，但试样斑点的位置必须在展开剂液面之上至少 1cm 处。

⑤ 当溶剂上升 15~20cm 时，即取出滤纸，用铅笔描出溶剂前沿，干燥。如果化合物本身有颜色，就可直接观察到斑点。如本身无色，可在紫外灯下观察有无荧光斑点，用铅笔在滤纸上轻轻画出斑点位置、形状大小。通常可用显色剂喷雾显色，不同类型化合物可用不同的显色剂。

⑥ 在固定条件下，不同化合物在滤纸上按不同的速度移动，所以各个化合物的位置也各不相同。通常用 R_f 值表示移动的距离，其计算公式如下：

$$R_f = \frac{溶质最高浓度中心至原点中心的距离}{溶剂前沿至原点中心的距离}$$

当温度、滤纸质量和展开剂都相同时，一个化合物的 R_f 值是一个特定常数。由于影响因素较多，实验数据与文献记载不尽相同，因此在测定 R_f 值时，常采用标准样品在同一张滤纸上点样进行对照。

2.8.2 薄层色谱

薄层色谱是在洗涤干净的玻璃板上均匀地涂上一层吸附剂或支持剂，干燥活化后，进行点样、展开、显色等操作。

薄层色谱兼备了柱色谱和纸色谱的优点，是近年来发展起来的一种微量、快速而简单的色谱分离技术，一方面适用于小量样品（小到几十微克，甚至 0.01μg）的分离，另一方面若在制作薄层板时，把吸附层加厚，将样品点成一条线，则可分离多达 500mg 的样品，因此又可用来精制样品。此法特别适用于挥发性较小或在较高温度下易发生变化而不能用气相色谱分析的物质。此外它既可用作反应的定性"追踪"，也可作为进行柱色谱分离前的一种"预试"。

（1）仪器装置

装置如图 2.18 所示。薄层色谱所用仪器通常由下列部分组成：①展开槽：通常选用密闭的容器，常用的有标本缸、广口瓶、大量筒及长方形玻璃缸。②薄层板：可根据需要选择大小合适的玻璃板。一般可自制一个直径为 3.5cm、高度为 8cm 的玻璃杯，作展开槽，用医用载玻片作薄层板。

（2）操作要点

① 吸附剂的选择 薄层色谱中常用的吸附剂（或载体）和柱色谱一样，有氧化铝和硅胶，其颗粒大小一般以通过 200 目左右筛孔为宜。如果颗粒太大，展开时溶剂推进的速度太快，分离效果不好。如果颗粒太小，展开太慢，得到拖尾而不集中的斑点，分离效果也不好。薄层色谱常用的硅胶有"硅胶 G""硅胶 H"，使用时必须加入适量的黏合剂，如羧甲基纤维素钠（简称 CMC）。硅胶 GF_{254} 与硅胶 G 相似，氧化铝也可分为"氧化铝 G"和"色谱用氧化铝"。

② 薄层板的制备 在洗净干燥且平整的玻璃板上，铺上一层均匀的薄层吸附剂以制成

薄层板。薄层板制备的好坏是薄层色谱成败的关键。为此，薄层必须尽量均匀且厚度（0.25～1mm）要固定。否则，在展开时溶剂前沿不齐，色谱结果也不易重复。

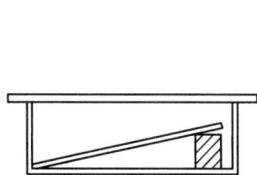

图 2.18　实验所需装置

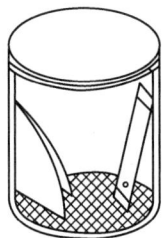

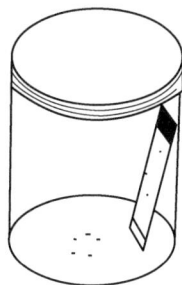

图 2.19　下行法

③ 薄层板的活化　由于薄层板的活性与含水量有关，且其活性随含水量的增加而下降，因此必须进行干燥。其中氧化铝薄层在 200～220℃烘 4h，可得到约Ⅱ级活性薄层；在 150～160℃烘 4h 可得到Ⅲ～Ⅴ级活性的薄层。

（3）操作步骤

① 薄层板的制备　称取 0.5～0.6g CMC，加蒸馏水 50mL，加热至微沸，慢慢搅拌使其溶解，冷却后，加入 25g 硅胶或氧化铝，慢慢搅拌均匀，然后将调成的糊状物，采用下面的涂布方法制成薄层板。a. 倾注法：将调好的糊状物倒在玻璃板上，用手左右摇晃，使表面均匀光滑（必要时可于平台处让一端触台面，另一端轻轻跌落数次并互换位置）。b. 浸入法：选一个高度比玻璃板长度大的展开槽，放入糊状的吸附剂，然后取两块玻璃板叠放在一起，用拇指和食指捏住上端，垂直浸入糊状物中，然后以均匀速度垂直向上拉出，多余的糊状物令其自动滴完，待溶剂挥发后把玻璃板分开，平放。此法特别适用于与硅胶 G 混合的溶剂为易挥发溶剂，如乙醇-氯仿（2∶1），把铺好的薄层板放于已校正水平面的平板上晾干。

② 薄层板的活化　把制成的薄层板先放室温晾干后，置烘箱内加热活化，即一般在烘箱内慢慢升温至 105～110℃，保持约 30～50min。然后将活化的薄层板立即放置在干燥器中保存备用。

③ 点样　在铺好的薄层板一端离边缘约 0.5cm 处，画一条线，作为起点线，在离另一端边缘 1～1.5cm 处画一条线作为溶剂到达的前沿。用毛细管吸取样品溶液（一般以氯仿、丙酮、甲醇、乙醇、苯、乙醚或四氯化碳等作溶剂配成 1%的溶液），垂直地轻轻接触到薄层板的起点线上，如溶液太稀，一次点样不够，待第一次点样干后，再点第二次、第三次。点的次数依样品溶液浓度而定，一般为 2～5 次。若为多处点样时，则各样品间的距离为 2cm 左右。

④ 展开　展开需在密闭的容器中进行。先将选择的展开剂放在展开槽中，其高度为 0.5cm，并使展开槽内空气饱和 5～10min，再将点好样的薄层板放入展开槽展开。常用展开方式有三种。a. 上升法：用于含黏合剂的薄层板，将薄层板竖直置于盛有展开剂的容器中。b. 倾斜上行法：将薄层板倾斜 15°，适用于无黏合剂的软板。含有黏合剂的薄层板可以倾斜 45°～60°。c. 下行法：展开剂放在圆底烧瓶中，用滤纸或纱布等将展开剂吸到薄层板的上端，使展开剂沿板下行，如图 2.19 所示。这种连续展开法适用于 R_f 值小的化合物。点样的位置必须在展开剂液面之上。当展开剂上升至薄层板的前沿时，取出薄层板放平晾干。根据 R_f 值的不同对各组分进行鉴定。

⑤ **显色** 展开完毕，取出薄层板。如果化合物本身有颜色，就可直接观察它的斑点，用小针在薄层上画出观察到斑点的位置。也可在溶剂蒸发前用显色剂喷雾显色。不同类型的化合物需选用不同的显色剂。凡可用于纸色谱的显色剂都可用于薄层色谱，薄层色谱还可使用腐蚀性的显色剂如浓硫酸、浓盐酸和浓磷酸等。还可将薄层板除去溶剂后，放在含有少量碘的密闭容器中显色来检查斑点，许多化合物斑点都能呈黄棕色，表 2.3 列出了一些常用的显色剂。

表2.3 常用的显色剂

显色剂	使用方法	能被检出对象
浓硫酸	98%H_2SO_4	大多数有机化合物在加热后可显黑色
碘蒸气	将薄层板放入展开槽内被碘蒸气饱和数分钟	很多有机化合物显黄棕色
碘的氯仿溶液	0.5%碘的氯仿溶液	很多有机化合物显黄棕色
磷钼酸乙醇溶液	5%磷钼酸乙醇溶液，喷后于 120℃烘干，还原性物质显蓝色，背景变为无色	还原性物质显蓝色
铁氰化钾-三氯化铁药品	1%铁氰化钾，2%三氯化铁使用前等量混合	还原性物质显蓝色，再喷 2mol/L 盐酸，蓝色加深，检验酚、胺、还原性物质
四氯邻苯二甲酸酐	2%溶液，溶剂：丙酮-氯仿（10+1）	芳烃类显蓝色
硝酸铈铵	含 6%硝酸铈铵的2mol/L 硝酸溶液	薄层板在 105℃烘干 5min 之后，喷显色剂，多元醇在黄色底板上有棕黄色斑点
香兰素-硫酸	3g 香兰素溶于 100mL 乙醇中，再加入 0.5mL 浓硫酸	高级醇及酮呈绿色
茚三酮	0.3g 茚三酮溶于 100mL 乙醇中，喷后，加热至 110℃斑点出现	遇氨基酸显蓝紫色，胺显紫色，氨基糖显蓝紫色

⑥ 最后一步是计算各组分 R_f 值。

（4）注意事项

① 在制糊状物时，搅拌一定要均匀，切勿剧烈搅拌，以免产生大量气泡，难以消失，致使薄层板出现小坑，薄层板展开不均匀，影响实验效果。

② 点样时，所取样品不能太少也不能太多，一般以样品斑点直径不超过 0.5cm 为宜。因为若样品太少，有的成分不易显出，若量过多时易造成斑点过大，互相交叉或拖尾，不能得到很好的分离。

③ 用显色剂显色时，对于未知样品，显色剂是否合适，可先取样品溶液一滴，点在滤纸上，然后滴加显色剂，观察是否有色点产生。

④ 用碘薰法显色时，当碘蒸气挥发后，棕色斑点容易消失（自容器取出后，呈现的斑点一般于 2～3s 内消失），所以显色后，应立即用铅笔或小针标出斑点的位置。

2.8.3 柱色谱

分离相当大量的混合物仍是最有用的一项技术。仪器装置如图 2.20 所示，它是一根带活塞直立放置的玻璃管（称为柱）并在管中装填经活化的吸附剂。

（1）操作要点

① 吸附剂的选择与活化　常用的吸附剂有氧化铝、硅胶、氧化镁、碳酸钙和活性炭等。吸附剂一般要经过纯化和活化处理，颗粒大小应当均匀。对于吸附剂来说颗粒小，表面积大，吸附能力强，但颗粒太小时，溶剂的流速就太慢，因此应根据实际需要而定。

柱色谱使用的氧化铝有酸性、中性和碱性三种。酸性氧化铝是用1%盐酸浸泡氧化铝后，用蒸馏水洗至氧化铝的悬浮液 pH 为 4 而得到的，用于分离酸性物质；中性氧化铝的 pH 约为 7.5，用于分离中性物质；碱性氧化铝的 pH 为 10，用于胺或其他碱性化合物的分离。以上吸附剂通常采用灼烧使其活化。

② 溶质的结构和吸附能力　化合物的吸附和它们的极性成正比，化合物分子中含有极性较大的基团时吸附性也较强。吸附剂，如氧化铝对各种化合物的吸附性按以下顺序递减：

酸和碱＞醇、胺、硫醇＞酯、醛、酮＞芳香族化合物＞卤代烃＞醚＞烯＞饱和烃

③ 溶剂的选择　溶剂的选择是重要的一环，通常根据被分离物中各种成分的极性、溶解度和吸附剂活性等考虑。要求：a. 溶剂较纯；b. 溶剂和吸附剂不能起化学反应；c. 溶剂的极性应比样品小；d. 溶剂对样品的溶解度不能太大，也不能太小；e. 有时可以使用混合溶剂。

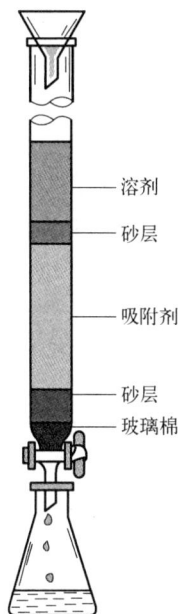

图 2.20　柱色谱

④ 洗脱剂的选择　样品吸附在柱上后，用合适的溶剂进行洗脱，这种溶剂称为洗脱剂。如果用原来溶解样品的溶剂冲洗柱不能达到分离的目的，可以改用其他溶剂，一般极性较强的溶剂影响样品和吸附剂之间的吸附，容易将样品一起洗脱下来，达不到分离的目的。因此常用一系列极性渐次增强的溶剂，即先使用极性最弱的溶剂，然后加入不同比例的极性溶剂配成洗脱剂。常用的洗脱剂的极性按如下顺序递增：

正己烷和石油醚＜环己烷＜四氯化碳＜三氯乙烯＜二硫化碳＜甲苯＜二氯甲烷＜氯仿＜乙醚＜乙酸乙酯＜丙酮＜丙醇＜乙醇＜甲醇＜水＜吡啶＜乙酸

（2）操作步骤

① 装柱　柱色谱的分离效果不仅依赖于吸附剂和洗脱剂的选择，而且与吸附柱的大小和吸附剂用量有关。根据经验规律要求柱中吸附剂用量为被分离样品量的 30～40 倍，若需要可增至 100 倍，柱高与柱的直径之比一般为 8∶1，表 2.4 列出了它们之间的相互关系。

表2.4　色谱柱大小、吸附剂量及样品量

样品量/g	吸附剂量/g	柱的直径/cm	柱高/cm
0.01	0.3	3.5	30
0.10	3.0	7.5	60
1.00	30.0	16.0	130
10.00	300.0	35.0	280

选取色谱柱后，先用洗液洗净，用水清洗后再用蒸馏水清洗，干燥。在玻璃管底铺一层玻璃丝或脱脂棉，轻轻塞紧，再在脱脂棉上盖一层厚约 0.5cm 的石英砂（或用一张比柱直径略小的滤纸代替），最后将吸附剂（以氧化铝为例）装入管内。装入的方法有湿法和干法两

种；湿法是将备用的溶剂装入管内，约为柱高的 3/4，然后将氧化铝和溶剂调成糊状，慢慢地倒入管中，此时应将管的下端活塞打开，控制流出速度为每秒 1 滴。用木棒或套有橡胶管的玻璃棒轻轻敲击柱身，使装填紧密。当装入量约为柱的 3/4 时，再在上面加一层厚约 0.5cm 的石英砂或一小圆滤纸（或玻璃丝、脱脂棉），以保证氧化铝上端顶部平整，不受流入溶剂干扰。干法是在管的上端放一干燥漏斗，使氧化铝均匀地经干燥漏斗形成一细流慢慢装入管中，中间不应间断，时时轻轻敲打柱身，使装填均匀，全部加入后，再加入溶剂，使氧化铝全部润湿。

② 加样 把待分离的样品配制成适当浓度的溶液。将氧化铝上多余的溶剂放出直到柱内液体表面到达氧化铝表面时，停止放出溶剂，沿管壁加入样品溶液，样品溶液加完后，开启下端活塞，使液体渐渐放出，当样品溶液的表面和氧化铝表面相齐时，即可用洗脱剂洗脱。

③ 洗脱和分离 不断加入洗脱剂，且保持一定高度的液面，洗脱后分别收集各个组分。如各组分有颜色，可在柱上直接观察到而较易收集；如各组分无颜色，则采用等份收集。每份洗脱剂的体积随所用氧化铝的量及样品的分离情况而定。一般用 50g 氧化铝，每份洗脱剂为 50mL。

（3）注意事项

① 湿法装柱的整个过程中氧化铝中不能有裂缝和气泡，否则影响分离效果。

② 加样时一定要沿壁加入，注意加入的溶液不要把氧化铝冲松浮起，否则易产生不规则色带。

③ 在洗脱的整个操作中氧化铝表面的溶液不能流干，一旦流干再加洗脱剂，氧化铝柱就易产生气泡和裂缝，影响分离效果。

④ 要控制洗脱剂的流出速度，一般不宜太快，太快了柱中吸附过程来不及达到平衡而影响分离效果。

⑤ 由于氧化铝表面活性较大，有时可能促使某些成分被破坏，所以尽量在一定时间内完成一个柱色谱的分离，以免样品在柱上停留的时间过长，发生变化。

2.9　鉴别结构用波谱方法

有机化合物波谱解析实验是有机化合物波谱解析课的重要组成部分，内容包括紫外-可见光谱法、红外光谱法、核磁共振波谱法及质谱法等演示实验。其主要目的是使学生掌握紫外-可见光谱仪、红外光谱仪、核磁共振波谱仪及质谱仪等有机分析仪器的实验基础知识和基本操作技能，加深学生对课堂上所学的紫外-可见光谱法、红外光谱法、核磁共振波谱法及质谱法在有机分子结构分析中的应用等理论知识的理解并使其掌握得更加牢固。培养学生具有一定分析问题和解决问题的能力，为后续课程和将来从事科研工作奠定良好的基础。

（1）紫外-可见光谱法

紫外-可见光谱法是研究物质在紫外-可见光区（200～800nm）分子吸收光谱的分析方法。就其能级跃迁类型紫外-可见吸收光谱属于电子光谱，是由分子的外层电子跃迁产生的，主要适用于研究具有不饱和双键的分子。紫外光谱与红外光谱不同，它的谱形简单，吸收峰宽且呈带状；而红外光谱吸收峰较尖且数目较多。紫外光谱主要反映分子中不饱和基团的性质，而不是反映整个分子的结构；红外光谱则不仅能反映分子中功能基团的存在，而且与整个分子的结构有关。因此从两张完全相同的红外光谱基本上可以确定它们是同一种化合物，而紫外光谱却相反。如结构简单的异亚丙基丙酮和结构复杂的甾体化合物睾酮，因两者都具有 α,β-

不饱和酮体系，所以紫外光谱很相似，但它们却是两个完全不同的化合物。我们能够根据最大吸收峰位及强度判断共轭体系的类型。紫外光谱不仅能识别分子中的不饱和系统，而且还可以测定不饱和化合物的含量。定性分析主要根据吸收光谱图上的特征吸收，如最大吸收波长、强度和吸收系数，定量分析主要根据朗伯-比耳定律，即物质在一定波长处的吸光度与浓度之间成线性关系。

（2）红外光谱法

红外吸收光谱系指 $2.5\sim25\mu m$（$4000\sim400cm^{-1}$）的红外光与物质的分子相互作用时，在其能量与分子的振-转能量差相当的情况下，能引起分子由低能态过渡到高能态，即所谓的能级跃迁，结果某些特定波长的红外光被物质的分子吸收，那么记录在不同的波长处物质对红外光的吸收强度，就得到了物质的红外吸收光谱。由于不同物质具有不同的分子结构，就会吸收不同波长的红外光而产生相应的红外吸收光谱。由特征吸收峰的位置、数目、相对强度和形状（峰宽）等参数，来推断物质中存在哪些基团，用于物质的定性鉴别和结构分析；由特征吸收峰的强度，根据朗伯-比耳定律进行定量分析。

（3）核磁共振波谱法

在合适频率的射频作用下，引起有磁矩的原子核发生核自旋能级跃迁的现象，称为核磁共振（nuclear magnetic resonance，NMR）。根据核磁共振原理，在核磁共振波谱仪上测得的图谱，称为核磁共振波谱（NMR spectrum）。利用核磁共振波谱进行结构鉴定的方法，称为核磁共振波谱法（NMR spectroscopy）。核磁共振波谱法在有机药物的结构鉴定中，具有举足轻重的作用。

① 质子核磁共振谱（^1H NMR）　^1H NMR 谱是目前研究最充分的波谱，已得到许多规律用于分子结构的研究。从常规 ^1H NMR 谱中可以得到三方面的结构信息：①化学位移，可判断分子中存在质子的类型（如：—CH_3、—CH_2—、—CH—、=CH—、Ar—H、—OH、—CHO…）及质子的化学环境和磁环境。②积分值，可以确定每种基团中质子的相对数目。③偶合裂分情况，可判断质子与质子之间的关系。

② 碳核磁共振谱（^{13}C NMR）　目前常规的 ^{13}C NMR 谱是采用全氢去偶脉冲序列而测定的全氢去偶谱，该谱图较氢偶合谱检测灵敏度大大提高，一般情况下每个碳原子对应一个谱峰，谱图相对简化便于解析。^{13}C NMR 谱与 ^1H NMR 谱相比，最大的优点是化学位移分布范围宽，一般有机化合物化学位移范围可达 $0\sim200$，相对不太复杂的不对称分子，常可检测到每个碳原子的吸收峰（包括季碳），从而得到丰富的碳骨架信息，对于含碳较多的有机化合物，具有很好的鉴定意义。

（4）质谱法

质谱分析是先将物质离子化，按离子的质荷比分离，然后测量各种离子谱峰的强度而实现分析目的的一种分析方法。质量是物质的固有特征之一，不同的物质有不同的质量谱即质谱，利用这一性质可以进行定性分析；谱峰的强度也与它代表的化合物含量有关，利用这一点，可以进行定量分析。

有机质谱学是一门有机化合物分子结构鉴定和测定的科学。在有机化合物的质谱中，能给出如下参数：有机分子的分子量，分子离子和碎片离子以及碎片离子和碎片离子的相互关系，各种离子的元素组成以及有机分子的裂解方式及其与分子结构的关系。目前，质谱法已成为鉴定有机物结构的重要方法。

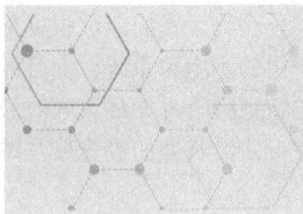

第3章
有机化合物的制备实验

3.1 烯烃

分子中含有一个碳碳双键的烃称为烯烃，碳碳双键是烯烃的官能团，碳碳双键由两对共用电子对构成。常见的烯烃包括链状烯烃、环状烯烃、二烯烃、多烯烃等。在烯烃中，最简单的链状烯烃是乙烯，最简单的环状烯烃是环丙烯。

烯烃的物理性质与烷烃相似，它们一般是无色的，其沸点和密度等也随着分子量的增加而递增。在常温下，2～4个碳原子的烯烃是气体，5个碳以上的是液体，高级烯烃是固体。

烯烃可以发生双键的加成反应、取代反应、氧化反应（与双键相连的碳原子上有活泼氢）、环氧化反应、聚合反应、周环反应、催化氢化反应等。共轭二烯烃还可以发生1,4-共轭加成反应，其中比较典型的有Diels-Alder反应、1,3-偶极环加成反应等。其中比较重要的烯烃有乙烯、丙烯、丁烯、1,3-丁二烯、环戊二烯等。

烯烃的制备方法较多，在实验室和工业上主要采用以下原料或方法制备。

① 石油裂解气　利用石油某一馏分或天然气（除含有甲烷外，还有较多的乙烷、丙烷等）为原料，与水蒸气混合，在高温下经过快速裂解，然后冷却生成低级烃的混合物，最后经过分离得到乙烯和丙烯。目前，工业上利用热裂解大规模生产乙烯和丙烯，乙烯的产量被认为是衡量一个国家石油化工发展水平的标志。从裂解气的C_4馏分提取可以制备1,3-丁二烯。

② 炼厂气　乙烯和丙烯还可以通过从炼油厂炼制石油时所得到的炼厂气分离得到。

③ 醇脱水　醇在浓硫酸等催化下可以得到相应烯烃。如2-甲基-2-丁醇在浓硫酸催化下，小于100℃就可以70%收率得到相应烯烃。

④ 卤代烷脱卤化氢　卤代烷在碱性条件下脱掉一分子卤化氢得到相应烯烃。

⑤ 卤代烃与烯烃或衍生物的偶联反应，即醋酸钯等催化的Heck反应，目前这种方法已经成为有机合成中构建碳碳键的最有效方法之一，也是目前众多钯催化反应的基础。因为在碳碳键偶联反应方面的突出贡献，美国化学家Heck与发现构建碳碳键其他方法的两位日本化学家Negishi和Suzuki荣获2010年诺贝尔化学奖。

⑥ Witting反应和烯烃的复分解反应，也是合成烯烃的有效方法。

实验 3-1　环己烯的制备

【实验目的】

1. 了解含碳碳双键化合物的制备方法，熟悉醇脱水和卤代烷脱卤化氢两种方法。
2. 掌握单分子消除反应（E1）和双分子消除反应（E2）的反应机理。
3. 掌握分液漏斗的使用及操作。
4. 学习有机物的分离和结构鉴定方法。

【实验原理】

环己烯，双键碳原子以 sp^2 杂化轨道形成 π 键，其他碳原子以 sp^3 杂化轨道形成 σ 键。无色透明液体，有特殊刺激性气味。不溶于水，溶于乙醇、醚。主要用于有机合成、油类萃取及用作溶剂。可由环己醇与硫酸反应制得。

反应机理如下：

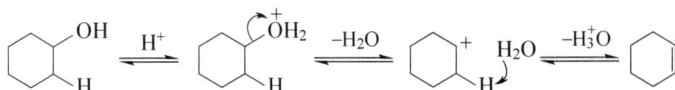

醇可以用氧化铝或者分子筛在高温（350～400℃）下进行催化脱水，也可以用酸催化脱水，常用的脱水剂有硫酸、磷酸、对甲苯磺酸等。在实验室中小量制备常常采用后者。高浓度的酸会导致烯烃的聚合、醇分子间的脱水及碳骨架的重排，因此，醇在酸催化下的脱水常伴有烯烃的聚合物和醚等副产物的存在。

【仪器与试剂】

仪器：圆底烧瓶、分馏柱、直形冷凝管、接引管、锥形瓶、分液漏斗、温度计、水浴。

试剂：环己醇、浓硫酸、氯化钠、无水氯化钙、5%碳酸钠水溶液。

【实验步骤】

在 50mL 干燥的圆底烧瓶中加入环己醇（10g，10.4mL，0.10mol）、浓硫酸（0.8mL）和几粒沸石，充分摇振使之混合均匀。烧瓶上装一短的分馏柱，接上冷凝管、接收瓶，接收瓶浸在冷水中冷却。将烧瓶在电热套上缓缓加热至沸，控制分馏柱顶部的馏出温度不超过90℃，当烧瓶中只剩下少量残液并出现阵阵白雾时，即可停止蒸馏。约需 1h。

馏出液用氯化钠饱和，然后加入 2～3mL 5%的碳酸钠水溶液中和微量的酸。将液体转入分液漏斗中，摇振后静置分层，分出有机相，用约 1g 无水氯化钙干燥。待溶液清亮透明后，滤入蒸馏瓶中，加入几粒沸石用水浴蒸馏，收集 80～85℃的馏分。若蒸出的产品浑浊，必须重新干燥后再蒸馏，产量约 5g。

纯环己烯的沸点为 82.98℃，折射率 n_D^{20} 1.4465。

【思考题】

1. 在粗制环己烯中，加入食盐使水层饱和的目的何在？

2. 在蒸馏终止前，出现的阵阵白雾是什么？

3. 写出无水氯化钙吸水的化学反应方程式，为什么蒸馏前一定要将它过滤掉？

3.2　卤代烃

在卤代烃中，只有氯甲烷、氯乙烷、溴甲烷、氯乙烯和溴乙烯是气体，其余均为无色液体或固体。卤代烃的沸点随着分子中碳原子数的增加而升高。碘代烷和溴代烷，尤其是碘代烷，长期放置因分解产生游离碘和溴而有颜色。很多卤代烃有不愉快的气味，卤代烷蒸气有毒。氯乙烯对眼睛有刺激性，是一种致癌物，苄基型和烯丙基型卤代烃常具有催泪性。

卤代烃均不溶于水，而溶于乙醇、乙醚、苯和烃等有机溶剂。某些卤代烃本身就是很好的有机溶剂，如二氯甲烷、氯仿、四氯化碳等。

在卤代烃分子中，随着卤原子数目的增多，化合物的可燃性降低。例如，甲烷可以作为燃料，氯甲烷有可燃性，二氯甲烷则不可燃，而四氯化碳可以作为灭火剂；氯乙烯、偏二氯乙烯可燃，而四氯乙烯则不可燃。某些含氯和溴的烃或其衍生物还可以作为阻燃剂，如含氯量70%的氯化石蜡主要用作合成树脂的阻燃剂，以及不燃性涂料的添加剂。

卤代烃分子中，由于卤原子的电负性比碳原子大，碳卤键是极性共价键，比较容易断裂，使卤代烷能够发生多种化学反应而转变为其他有机化合物，故卤代烷是重要的有机合成原料。卤代烷由于卤原子的电负性大的特点，可以发生如下化学反应。

① 亲核取代反应，包括：水解反应，如卤代烷与强碱的水溶液共热，卤原子被羟基取代生成醇；与醇钠作用，卤代烷与醇钠在相应醇溶液中反应，卤原子被烷氧基取代生成醚；与氰化钠（钾）作用，卤原子被氰基取代生成腈；与胺作用，卤原子被氨基取代生成伯胺；卤原子交换反应，在丙酮中，氯代烷和溴代烷分别与碘化钠反应生成碘代烷；与硝酸银的乙醇溶液作用，生成卤化银沉淀。

② 消除反应，包括：脱卤化氢伯卤代烷在浓碱的醇溶液条件下脱卤化氢生成烯烃，这是一种制备烯烃的方法，产物主要按照 Saytzeff 规则生成；脱卤素，连二卤代烷与锌粉在乙酸或乙醇中反应，或与碘化钠的丙酮溶液反应，脱去卤素生成烯烃。

③ 与金属反应，卤代烷能够与很多活泼金属如锂、钠、镁等反应，生成金属化合物，用R—M 表示，其中最著名的是卤代烷与金属镁反应生成的格氏试剂。再就是金属锂试剂，金属锂试剂可以采用金属锂与卤代烷在惰性溶剂如戊烷、石油醚、乙醚等中反应生成。烷基锂也能够与二氧化碳、醛、酮、酯以及含有活泼氢的化合物等反应。现在还发展了一类多种金属的卤代试剂，如烷基铜锂等。

实验 3-2　溴乙烷的制备

【实验目的】

1. 学习从醇制备溴乙烷的原理和方法。

2. 进一步巩固分液漏斗的使用及萃取操作。

3. 掌握低沸点有机物蒸馏的基本操作。

【实验原理】

实验室一般采用醇与氢卤酸的亲核取代反应来制备卤代烷。通过溴化钠或溴化钾和浓硫酸原位生成氢溴酸，然后再与乙醇作用生成溴乙烷。由于该反应是可逆的，增加乙醇和硫酸的用量可使平衡向右移动。

主反应：

$$NaBr + H_2SO_4 \longrightarrow HBr + NaHSO_4$$
$$CH_3CH_2OH + HBr \longrightarrow CH_3CH_2Br + H_2O$$

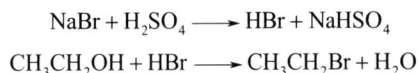

该反应还可能发生下列副反应：

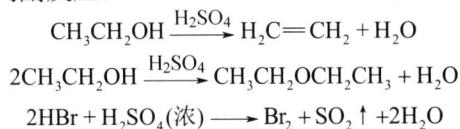

$$CH_3CH_2OH \xrightarrow{H_2SO_4} H_2C = CH_2 + H_2O$$
$$2CH_3CH_2OH \xrightarrow{H_2SO_4} CH_3CH_2OCH_2CH_3 + H_2O$$
$$2HBr + H_2SO_4(浓) \longrightarrow Br_2 + SO_2\uparrow + 2H_2O$$

【仪器与试剂】

仪器：50mL 圆底烧瓶、蒸馏头、直形冷凝管、接引管、接收器、石棉网、分液漏斗、小锥形瓶、温度计、烧杯、胶头滴管。

试剂：乙醇（95%）4.8g 或 6.2mL（0.10mol）、溴化钠（无水）8.2g（0.08mol）、浓硫酸（d=1.84）、饱和亚硫酸钠溶液。

【实验步骤】

在 50mL 圆底烧瓶中加入 5mL 乙醇及 4mL 水，在不断振荡和冷却下，缓慢加入 10mL 浓硫酸，混合物冷却到室温后，在搅拌下加入研细的 7.7g 溴化钠和几粒沸石，小心摇动烧瓶使其均匀后装入蒸馏装置。溴乙烷沸点很低，极易挥发。为了避免损失，在接收器中加入冷水及 3mL 饱和亚硫酸钠溶液，放在冰水浴中冷却，并使接引管的末端刚浸没于水溶液中。开始小火加热，反应液保持微微沸腾，使反应平稳进行，直到无溴乙烷流出为止。

将接收器中的液体倒入分液漏斗，静置分层后，将下面的粗溴乙烷转移至干燥的锥形瓶中。在冰水冷却下，小心加入 3mL 浓硫酸，边加边摇动锥形瓶进行冷却。用干燥的分液漏斗分出下层浓硫酸。将上层溴乙烷从分液漏斗上口倒入 50mL 烧瓶中，加入几粒沸石进行蒸馏。由于溴乙烷沸点很低，接收器要在冰水浴中冷却。接收 36～40℃的馏分，产量约 5g。

【注意事项】

1. 加入浓硫酸需小心飞溅，用冰水浴冷却，并不断振摇以使原料混匀；溴化钠需研细，分批加入以免结块。

2. 反应初期会有大量气泡产生，可采取间歇式加热方法，保持微沸，使反应平稳进行。暂停加热时要防止尾气管处倒吸。

3. 反应结束，先提起尾气管防止倒吸，再撤去火源。趁热将反应瓶内的残渣倒掉，以免结块后不易倒出。

4. 分液漏斗的使用场合和使用时的注意事项，见教材 2.7.2。

5. 产品经浓硫酸除水后不必再进行干燥处理，所以要用干燥的分液漏斗。

【思考题】

1. 在本实验中，哪一种原料是过量的，为什么？根据哪种原料计算产率？

2. 浓硫酸洗涤的目的何在？

📚 实验 3-3　1-溴丁烷的制备

【实验目的】

1. 掌握由醇制备卤代烃的原理和方法。
2. 巩固回流、蒸馏等基本实验操作。
3. 学习有机物的提纯和结构鉴定。

【实验原理】

卤代烷可通过多种方法和试剂进行制备。烷烃的自由基卤化和烯烃与氢卤酸的亲电加成反应，因产生异构体的混合物而难以分离。实验室制备卤代烷最常用的方法是将结构对应的醇通过亲核取代反应转变为卤代烷，常用的试剂有氢卤酸、三卤化磷和氯化亚砜。

反应式：

$$n\text{-}C_4H_9OH + NaBr + H_2SO_4 \longrightarrow n\text{-}C_4H_9Br + NaHSO_4 + H_2O$$

反应机理：

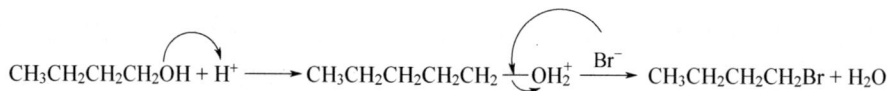

$$CH_3CH_2CH_2CH_2OH + H^+ \longrightarrow CH_3CH_2CH_2CH_2CH_2\overset{+}{O}H_2 \xrightarrow{Br^-} CH_3CH_2CH_2CH_2Br + H_2O$$

【仪器与试剂】

仪器：圆底烧瓶、球形冷凝管、气体吸收装置、分液漏斗、蒸馏装置。

试剂：正丁醇、无水溴化钠、浓硫酸、饱和碳酸氢钠溶液、无水氯化钙、5%氢氧化钠溶液。

【实验步骤】

在 50mL 圆底烧瓶中加入 7mL 水，并小心地加入 10mL 浓硫酸，混合均匀后冷却至室温。再依次加入 6.0mL 正丁醇和 9g 无水溴化钠，充分振摇后加入一粒沸石，在圆底烧瓶上安装球形冷凝管，冷凝管的上口接一气体吸收装置，用 5%的氢氧化钠溶液作吸收剂。将烧瓶置于石棉网上用小火加热至沸，然后反应物保持沸腾而又平稳地回流，约需 1.5h。待反应液冷却后，移去球形冷凝管，改装入蒸馏装置，将所有 1-溴丁烷蒸出。

将馏出液移至分液漏斗中，加入 7mL 水洗涤。粗产物转入另一干燥的分液漏斗中，用 7mL 浓硫酸洗涤，尽量分去硫酸层。有机相依次用 7mL 水、7mL 饱和碳酸氢钠溶液和 7mL 水洗涤后，再用 1g 无水氯化钙干燥 1~2h。将干燥好的 1-溴丁烷溶液倒入蒸馏烧瓶中，蒸馏，收集 99~103℃的馏分，产量约 5g。

纯 1-溴丁烷为无色透明液体，沸点为 101.6℃。

【注意事项】

1. 浓硫酸能溶解存在于粗产物中少量未反应的正丁醇和副产物正丁醚等杂质。如果正丁醇未除尽，在以后的蒸馏中，由于正丁醇和1-溴丁烷能形成共沸物（沸点为98.6℃，含正丁醇13%）而难以除去。

2. 加浓硫酸时要慢，并及时振摇，以免局部过热造成炭化。

3. 粗产品纯化时接收器应干燥洁净。

4. 粗1-溴丁烷是否蒸完的判断方法。

【思考题】

1. 本实验中浓硫酸的作用是什么？浓硫酸的用量过大或过小有什么影响？

2. 反应后的粗产物中含有哪些杂质？各步洗涤的目的何在？

3. 用分液漏斗洗涤产物时，1-溴丁烷时而在上层，时而在下层，如不知道产物的密度，可用什么简便的方法加以判断？

4. 为什么用饱和碳酸氢钠溶液洗涤前先要用水洗涤一次？

5. 分液漏斗洗涤产物时，为什么摇动后要及时放气？应该如何操作？

实验 3-4　1,2-二溴乙烷的制备

【实验目的】

1. 学习以醇为原料通过烯烃制备邻二卤代烃的实验原理和过程。

2. 进一步巩固蒸馏的基本操作和分液漏斗的使用方法。

【实验原理】

乙醇在酸的催化下发生分子内消除反应生成乙烯，乙烯与溴发生亲电加成反应制备1,2-二溴乙烷。

反应式如下：

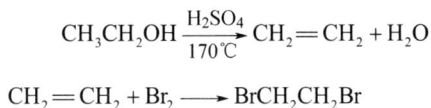

$$CH_3CH_2OH \xrightarrow[170℃]{H_2SO_4} CH_2=CH_2 + H_2O$$

$$CH_2=CH_2 + Br_2 \longrightarrow BrCH_2CH_2Br$$

【仪器与试剂】

仪器：250mL三口烧瓶、250mL抽滤瓶、恒压滴液漏斗、具支试管、温度计、蒸馏装置、分液漏斗、锥形瓶。

药品：95%乙醇、液溴、粗沙、浓硫酸（d=1.84）、10%氢氧化钠溶液、无水氯化钙。

【实验步骤】

在250mL三口烧瓶A（乙烯发生器）一边侧口插上温度计（接近瓶底），中间装上恒压滴液漏斗，另一边侧口通过乙烯出口管与安全瓶B（250mL抽滤瓶）相连，瓶内装有少量水，插入安全管。安全瓶B与洗气瓶C（150mL锥形瓶或用抽滤瓶）相连，洗气瓶C内盛有10%氢氧化钠溶液，以便吸收反应中产生的二氧化硫和二氧化碳，洗气瓶C与盛有3mL液溴的反应管D（具支试管，管内盛有2～3mL水以减少溴的挥发）连接，反应管D置于盛有冷水的烧杯中，同时连接盛有碱液的吸收瓶E（小锥形瓶），以吸收溴的蒸气。装置要严密，各瓶

塞必须用橡皮塞，切不可漏气，如图 3.1 所示。

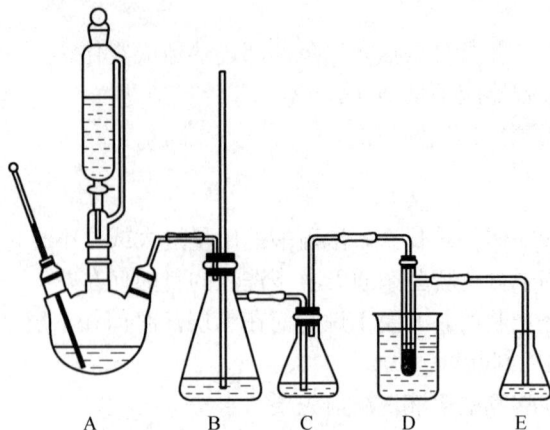

图 3.1　1,2-二溴乙烷的合成装置

为了避免反应物产生泡沫而影响反应进行，向锥形瓶 A 内加入 7g 粗沙。在冰水浴冷却下，将 30mL 浓硫酸慢慢加入 15mL 95％乙醇中，摇匀，然后取出 10mL 混合液加入三口烧瓶 A 中，剩余部分倒入恒压滴液漏斗，关好活塞。加热前，先将 C 与 D 连接处断开，将 A 在石棉网上加热，待温度升到约 120℃时，体系内大部分空气已排出，然后连接 C 与 D。当 A 内反应液温度升至 160～180℃时，即有乙烯产生，调节火焰，使反应温度保持在 180℃左右，气泡迅速通过安全瓶 B 的液层，并不汇集成连续的气泡流。然后从滴液漏斗中慢慢滴加乙醇-硫酸的混合液，保持乙烯气体均匀地通入反应管 D 中与溴作用，当反应管 D 中溴液褪色或接近无色时，反应即可结束，反应时间约 0.5h。先拆下反应管 D，然后停止加热。

将粗品移入分液漏斗，分别用水、10％氢氧化钠溶液各 10mL 洗涤至完全褪色，然后用水洗涤两次，每次 10mL，再用无水氯化钙干燥。然后蒸馏，收集 129～133℃馏分，产量为 7～8g。

纯 1,2-二溴乙烷为无色液体，沸点为 131.3℃，n_D^{20} 为 1.5387。

【注意事项】

1. 安全管不要贴底部。若安全管水柱突然上升，表示体系发生了堵塞，必须立即排除故障。

2. 反应过程中，浓硫酸既是脱水剂，又是氧化剂，因此反应过程中，伴有乙醇被浓硫酸氧化产生副产物二氧化硫和二氧化碳，二氧化硫与溴发生反应：$SO_2+Br_2+2H_2O \longrightarrow 2HBr+H_2SO_4$。故生成的乙烯先要经过氢氧化钠溶液洗涤，以除去这些酸性气体杂质。

3. 液溴相对密度为 3.119，通常用水覆盖。液溴对皮肤有强烈的腐蚀性，蒸气有毒，故取溴时需在通风橱内小心操作。

4. 溴和乙烯发生反应时放热，如不冷却，会导致溴大量逸出，影响产量。

5. 仪器装置不得漏气！这是本实验成败的关键因素。

6. 粗沙需经水洗、酸洗（用 HCl），然后烘干备用。

7. 若不褪色，可加数毫升饱和亚硫酸氢钠溶液洗涤。

【思考题】

1. 影响 1,2-二溴乙烷产率的因素有哪些？试从装置和操作两方面加以说明。

2. 本实验装置的恒压滴液漏斗、安全瓶、洗气瓶和吸收瓶各有什么用处？
3. 若无恒压滴液漏斗，可用平衡管，如何安装？

实验 3-5　叔丁基氯的制备

【实验目的】

1. 学习叔丁醇与浓盐酸反应制备叔丁基氯的原理和方法。
2. 进一步巩固萃取提纯的操作技术。

【实验原理】

叔丁基氯是一种化学物质，分子式为 C_4H_9Cl，易发生单分子亲核取代反应，在碱性条件下易消除氯化氢成烯，与镁、锂等反应生成叔丁基金属化合物。通常由叔丁醇与浓盐酸反应或异丁烯与氯化氢加成制备。本实验采用叔丁醇与浓盐酸反应制备叔丁基氯，其反应式为：

$$(CH_3)_3COH + HCl \longrightarrow (CH_3)_3CCl + H_2O$$

【实验装置】

制备叔丁基氯的实验装置见图 3.2。

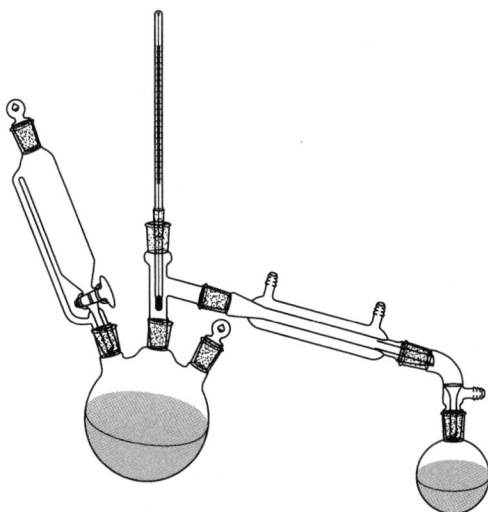

图 3.2　反应装置

【仪器与试剂】

仪器：分液漏斗、蒸馏瓶、铁架台、烧杯、铁夹、冷凝管、温度计。

试剂：叔丁醇、浓盐酸、5%碳酸氢钠溶液、无水氯化钙。

【实验步骤】

按照图 3.2 组装实验装置，在 100mL 恒压滴液漏斗中，加入 4.8mL 叔丁醇和 12.5mL 浓盐酸。先勿塞住漏斗，轻轻旋摇 1min，然后将漏斗塞紧，翻转后摇振 2～3min。注意及时打开活塞放气，以免漏斗内压力过大，使反应物喷出。静置分层后分出有机相，依次用等体积的水、5%碳酸氢钠溶液、水洗涤。产物经无水氯化钙干燥后,滤入蒸馏瓶中,在水浴上蒸馏。接收瓶用冰水浴冷却,收集48~52℃馏分,产量约3.5g。

　　叔丁醇与浓盐酸混合后反应看到溶液为白色油状物质;叔丁基氯溶液与加了溴百里酚蓝的丙酮溶液混合后颜色由蓝色变为淡绿色,再到黄绿色,最后变为黄色。

【注意事项】

　　1. 叔丁醇的熔点为25℃,如果呈团块,需在温水中温热熔化后使用。
　　2. 用碳酸氢钠溶液洗涤时,要小心操作,注意及时放气。

【思考题】

　　1. 洗涤粗产物时,碳酸氢钠溶液浓度过高、洗涤时间过长有什么不好?
　　2. 本实验中未反应的叔丁醇如何除去?

实验3-6　溴苯的制备

【实验目的】

　　1. 学习苯和液溴反应合成溴苯的原理和方法。
　　2. 进一步熟悉金属催化的芳香烃取代反应及其操作。

【实验原理】

　　溴苯是一种重要的有机溶剂,广泛用于医药、农药、香料等领域。溴苯的制备通常采用苯与溴在催化剂存在下进行卤代反应。本实验中,苯与液溴在铁粉（或氯化铁）的催化作用下,发生亲电取代反应,生成溴苯。反应方程式如下:

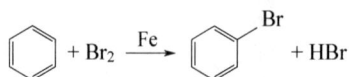

$$\text{苯} + Br_2 \xrightarrow{Fe} \text{溴苯} + HBr$$

【实验装置】

　　制备溴苯的实验装置见图3.3。

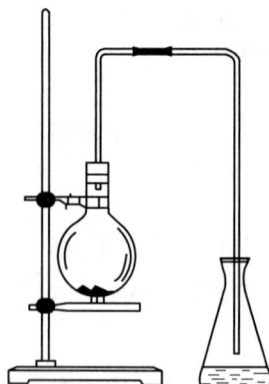

图3.3　反应装置

【仪器与试剂】

仪器：圆底烧瓶、锥形瓶、铁架台、导管、单孔塞。

试剂：苯、液溴、铁屑、水、$AgNO_3$ 溶液。

【实验步骤】

实验装置如图 3.3 所示，把苯和少量液溴放入圆底烧瓶中，同时加入少量铁屑作催化剂。用带导管的瓶塞塞紧烧瓶（跟瓶口垂直的一段导管可以起冷凝的作用）。在常温时，很快就会看到，在导管口附近出现白雾（由溴化氢遇水蒸气所形成）。反应完毕后，向锥形瓶中的液体里滴入 $AgNO_3$ 溶液，有浅黄色溴化银沉淀生成。把烧瓶里的液体倒入盛有冷水的烧杯里，烧杯底部有褐色不溶于水的液体。不溶于水的液体是溴苯，它是密度比水大的无色液体，由于溶解了溴而显褐色。

【注意事项】

1. 为防止溴的挥发，先加入苯后再加入溴，然后加入铁屑。
2. 本实验只能用液溴，不可使用溴水。
3. 吸收 HBr 的导管不能伸入水中，否则会发生倒吸。

【思考题】

1. 将反应后的混合物倒入水中的现象是什么？
2. 如何除去溴苯中的溴？
3. 生成的 HBr 中常混有溴蒸气，此时用 $AgNO_3$ 溶液对 HBr 的检验结果是否可靠？为什么？如何除去混在 HBr 中的溴蒸气？
4. 试剂的加入顺序是怎样的？各试剂在反应中起的作用是什么？

实验 3-7　卤代烃 S_N1/S_N2 反应活性的比较

【实验目的】

1. 进一步熟悉卤代烃的取代反应机理。
2. 学习如何比较卤代烃 S_N1/S_N2 活性的原理和方法。

【实验原理】

卤代烃的亲核取代反应通式为：$RX+:Nu \longrightarrow RNu+X^-$，Nu 为 HO^-、RO^-、CN^-、NH_3、$—ONO_2$，:Nu 为亲核试剂。由亲核试剂进攻引起的取代反应称为亲核取代反应（用 S_N 表示）。卤代烷的亲核取代反应是一类重要反应，由于这类反应可用于各种官能团的转变以及碳碳键的形成，在有机合成中具有广泛的用途，因此，对其反应历程的研究也就比较充分。在亲核取代反应中，研究最多的是卤代烷的水解，在反应动力学、立体化学，以及卤代物的结构、溶剂等对反应速率的影响等方面都有不少的资料。根据化学动力学的研究及许多实验表明，卤代烷的亲核取代反应是按两种历程进行的，即双分子亲核取代反应（S_N2 反应）和单分子亲核取代反应（S_N1 反应）。卤代烃的亲核取代反应机制——S_N1 和 S_N2 反应，是有机化学中的一个重要概念。例如：

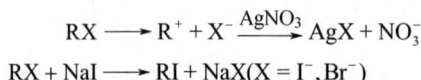

$$RX \longrightarrow R^+ + X^- \xrightarrow{AgNO_3} AgX + NO_3^-$$
$$RX + NaI \longrightarrow RI + NaX(X = I^-, Br^-)$$

【仪器与试剂】

仪器：试管、滴管。

药品：正丁基氯、正丁基溴、正丁基碘、溴代环己烷、2-氯丁烷、2-溴丁烷、叔丁基氯、叔丁基溴、1-氯-2-丁烯、2-氯-2-丁烯、1-氯-2-甲基丙烷、氯代金刚烷、氯苯、苄氯、15%NaI丙酮溶液、1%AgNO$_3$乙醇溶液。

【实验步骤】

（1）S$_N$1反应——1%的硝酸银乙醇溶液试验

硝基负离子是一个很弱的亲核试剂，因此很少有发生S$_N$2反应的机会。在S$_N$1反应过程中，由于卤代烃的解离，生成卤化银沉淀，因而可以从卤代银沉淀生成的快慢来判断在S$_N$1反应中卤代烃的相对活性。

标记8个干净的试管，在每个试管中加入1mL 1% AgNO$_3$的乙醇溶液，在1号试管中加入3滴正丁基氯，记录加入时间，塞住试管，充分振摇，仔细观察，记录出现浑浊形成沉淀的时间。在2～8号试管中加入正丁基溴、正丁基碘、溴代环己烷、2-氯丁烷、2-溴丁烷、叔丁基氯、叔丁基溴，重复上述操作，如果室温下5min内仍然没有反应，在50℃的热水浴中温热，观察出现浑浊或形成沉淀的时间，如果温热15min仍然没有变化，可视为不反应。

根据试验结果，排出在S$_N$1反应中卤代烃的相对活性次序。

（2）S$_N$2反应——15%的碘化钠丙酮溶液试验

碘负离子对于S$_N$2反应是一个好的亲核试剂，丙酮是偶极非质子溶剂，这些都有利于S$_N$2反应的进行，碘化钠或碘化钾溶于丙酮，而钠和钾的氯化物、溴化物在丙酮中的溶解度极低，因而可以从钠或钾的氯化物、溴化物沉淀析出的快慢来判断在S$_N$2反应中卤代烃的相对活性。

取7支洁净、干燥的试管，并给每个试管标上号，用滴管向每支试管中分别加入4～5滴正丁基氯、正丁基溴、溴代环己烷、2-氯丁烷、2-溴丁烷、叔丁基氯、叔丁基溴，然后在每支试管中分别加入2mL 15%的碘化钠丙酮溶液，仔细观察并记录生成沉淀的时间。5min过后，将未出现沉淀的试管浸入50℃水浴中加热7min左右，观察是否有沉淀生成。

根据实验结果排出在S$_N$2反应中，卤代烃的相对活性次序。

【注意事项】

1. 试管洗净后，一定要用蒸馏水冲洗一两遍，否则由于自来水中有微量的氯离子会与硝酸银溶液反应生成沉淀而影响试验结果。

2. 三级卤代丁烷很难发生S$_N$2反应，但在长时间加热条件下，也可以观察到有NaX(X=Cl$^-$或Br$^-$)沉淀生成，而且比二级卤代丁烷还快。这可能是因为在长时间加热条件下，三级卤代烷发生了消除反应，脱去一分子HCl或HBr，从而导致不溶于丙酮的NaCl或NaBr沉淀析出。

【思考题】

1. 实验中为何选用1%的硝酸银乙醇溶液以及15%碘化钠丙酮溶液作为鉴别卤代烃在S$_N$1和S$_N$2反应中活性强弱的试剂？

2. 烃基相同时，卤素作为离去基团的活性次序是什么？

3.3 醇和酚

醇和酚的分子中都含有羟基官能团，羟基与饱和碳原子相连的称为醇，而与芳环相连的称为酚。醇可以分为脂肪醇、酯环醇和芳香醇。醇和酚的制备方法较多，下面介绍几种比较常见的工业制法和实验室制法。

醇可以采用以下方法合成：

① 由合成气合成　在工业上甲醇几乎全部由合成气（一氧化碳和氢气）制备，即采用一氧化碳加氢的方法制备。

② 羰基合成　烯烃与一氧化碳和氢气在催化剂作用下，加热加压生成醛，然后将醛还原成醇。

③ 由烯烃合成　例如乙醇和异丙醇等可以由乙烯和丙烯等直接水合或间接水合制备。

④ 卤代烃的水解　活泼的卤代烃与碱的水溶液共热，卤原子被羟基取代生成醇。

⑤ 由格氏试剂制备　格氏试剂与环氧化物、醛、酮或羧酸衍生物作用，可以生成各种结构的醇。

⑥ 醛、酮、羧酸衍生物的还原　醛、酮、羧酸衍生物等可以利用催化加氢还原、金属氢化物或溶解金属还原，得到相应的醇。

⑦ 其他合成方法　在实验室中，醇也可以通过烯烃的羟汞化-脱汞化反应或硼氢化-氧化反应来制备。

酚可以采用以下方法合成：

① 异丙苯氧化　苯与丙烯反应得到异丙苯，异丙苯经过空气氧化生成过氧化异丙苯，后者在强酸或强酸性离子交换树脂作用下，重排成苯酚和丙酮。此法是目前工业上合成苯酚的主要方法，其优点是原料价廉易得，污染小，可以连续性生产，产品纯度高，且副产物丙酮也是重要的化工原料。另外，此法在工业上可以用来制备 2-萘酚和间苯二酚等，如以丁烯代替丙烯与苯反应的话，还可以制备苯酚和丁酮。

② 碱熔法　芳磺酸盐和氢氧化钠（钾）在高温下作用，磺酸基被羟基取代的反应称为碱熔法，目前在工业上仍然采用碱熔法制备某一些酚及其衍生物。

③ 卤代芳烃的水解　工业上利用此法主要生产邻、对位硝基酚和氯代酚。

实验 3-8　2-甲基-2-己醇的制备

【实验目的】

1. 了解格氏试剂的制备、应用和进行格氏反应的条件。
2. 学习电动搅拌机的安装和使用方法。
3. 巩固回流、萃取、蒸馏等操作技能。

【实验原理】

醇的实验室制备可以用格氏试剂与羰基化合物反应来进行，尤其是对一些结构比较复杂的醇用格氏试剂制备更有它的独到之处。卤代烷烃与金属镁在无水乙醚中反应生成烃基卤化镁（又称 Grignard 试剂）；Grignard 试剂能与羰基化合物等发生亲核加成反应，其加成产物用水分解可得到醇类化合物。

反应式：

$$n\text{-}C_4H_9Br + Mg \xrightarrow[\text{无水乙醚}]{} n\text{-}C_4H_9MgBr \xrightarrow[\text{无水乙醚}]{CH_3COCH_3} \underset{OMgBr}{n\text{-}C_4H_9C(CH_3)_2} \xrightarrow{H^+, H_2O} \underset{OH}{n\text{-}C_4H_9C(CH_3)_2}$$

【实验装置】

制备 2-甲基-2-己醇的实验装置见图 3.4。

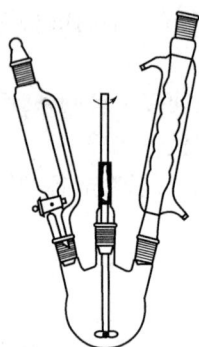

图 3.4　反应装置

【仪器与试剂】

仪器：三口烧瓶、恒压滴液漏斗、干燥管、蒸馏装置、球形冷凝管、水浴锅。

试剂：3.1g（0.13mol）镁条、17g（13.5mL，约 0.13mol）1-溴丁烷、7.9g（10mL，0.14mol）丙酮、无水乙醚（自制）、乙醚、10%硫酸溶液、5%碳酸钠溶液、无水碳酸钾、碘片。

【实验步骤】

按实验装置图 3.4 装配仪器（所有仪器必须干燥）。向三口烧瓶内投入 3.1g 镁条、15mL 无水乙醚及一小粒碘片；在恒压滴液漏斗中混合 13.5mL 1-溴丁烷和 15mL 无水乙醚。先向瓶内滴入约 5mL 混合液，数分钟后溶液呈微沸状态，碘的颜色消失。若不发生反应，可用温水浴加热。反应开始比较剧烈，必要时可用冷水浴冷却。待反应缓和后，从冷凝管上端加入 25mL 无水乙醚。开动搅拌（用手帮助旋动搅拌棒的同时启动调速旋钮，至合适转速），并滴入其余的 1-溴丁烷-无水乙醚混合液，控制滴加速度维持反应液呈微沸状态。滴加完毕后，在热水浴上回流 20min，使镁条几乎反应完全。

将上面制好的 Grignard 试剂在冰水浴中冷却和搅拌，自恒压滴液漏斗中滴入 10mL 丙酮和 15mL 无水乙醚的混合液，控制滴加速度，勿使反应过于猛烈。加完后，在室温下继续搅拌 15min（溶液中可能有白色黏稠状固体析出）。将反应瓶在冰水浴中冷却和搅拌，自恒压滴液漏斗中分批加入 100mL 10%硫酸溶液（开始滴入宜慢，以后可逐渐加快），分解上述加成产物。待分解完全后，将溶液倒入分液漏斗中，分出醚层。水层每次用 25mL 乙醚萃取两次，合并醚层，用 30mL 5%碳酸钠溶液洗涤一次，分液后，用无水碳酸钾干燥。装配蒸馏装置。将干燥后的产物醚溶液分批加入小烧瓶中，用温水浴蒸去乙醚，再在石棉网上直接加热蒸出产品，收集 137～141℃馏分。

【注意事项】

1. 严格按操作规程装配实验装置，电动搅拌棒必须垂直且转动顺畅。
2. Grignard 试剂的制备所需仪器必须干燥。
3. 反应的全过程应控制好滴加速度，使反应平稳进行。
4. 干燥剂用量合理，且将产物醚溶液干燥完全。

【思考题】

1. 实验中 1-溴丁烷如一次加入有什么不好？

2. 本实验可能发生的副反应如何避免？

3. 在将 Grignard 试剂加成物水解前的各步中，为什么使用的药品仪器均要绝对干燥？采取了什么措施？

实验 3-9　苯乙醇的制备

【实验目的】

1. 学习用硼氢化钠还原酮制备醇的原理和方法。

2. 掌握减压蒸馏、萃取及低沸物的蒸馏等基本操作。

【实验原理】

苯乙醇为具有玫瑰香气的芳香类化合物，广泛存在于许多天然的精油中，在食用香料中有广泛的应用。苯乙醇主要通过有机合成或从天然产物中萃取获得。本实验采用硼氢化钠为还原剂还原苯乙酮的方法来合成苯乙醇。反应式如下：

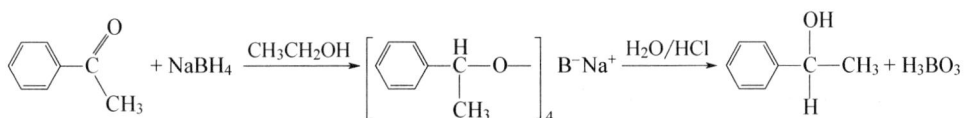

$$\text{C}_6\text{H}_5\text{COCH}_3 + \text{NaBH}_4 \xrightarrow{\text{CH}_3\text{CH}_2\text{OH}} \left[\text{C}_6\text{H}_5\overset{\text{H}}{\underset{\text{CH}_3}{\text{C}}}\text{-O-} \right]_4 \text{B}^-\text{Na}^+ \xrightarrow{\text{H}_2\text{O/HCl}} \text{C}_6\text{H}_5\overset{\text{OH}}{\underset{\text{H}}{\text{C}}}\text{CH}_3 + \text{H}_3\text{BO}_3$$

【实验装置】

合成苯乙醇的实验装置见图 3.5。

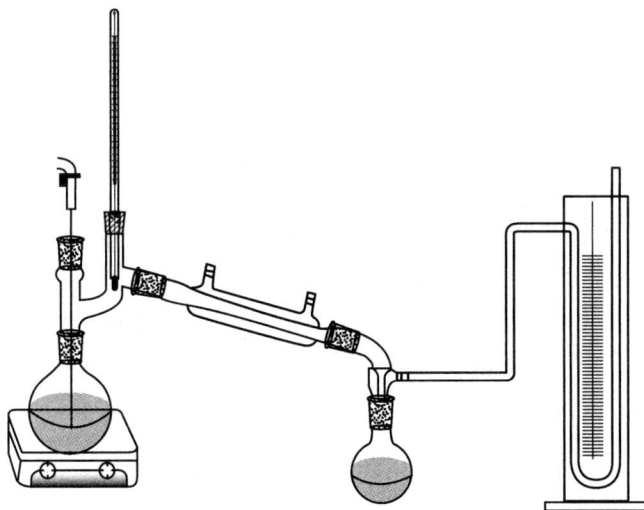

图 3.5　减压蒸馏装置

【仪器与试剂】

仪器：圆底烧瓶（19#，100mL）、电加热磁力搅拌器、滴液漏斗、蒸馏装置、分液漏斗、减压蒸馏装置。

试剂：苯乙酮、95%乙醇、硼氢化钠、3mol/L 盐酸、乙醚、无水硫酸镁、无水碳酸钾。

【实验步骤】

在 100mL 圆底烧瓶中加入 15mL 95%乙醇和 0.1g 硼氢化钠搅匀，在搅拌过程中将 8mL 苯乙酮滴加到圆底烧瓶中，控制温度在 48～50℃，滴加完毕后室温放置 15min。然后继续在搅拌下滴入 6mL 的 3mol/L 盐酸。

在水浴上蒸出大部分乙醇后，溶液分层，加入 10mL 乙醚萃取，水层再用 10mL 乙醚萃取，合并有机相，用无水硫酸镁干燥，将干燥的有机相滤入安装好的蒸馏装置的圆底烧瓶中，并加入 0.6g 无水碳酸钾，在水浴上除去乙醚后，改为减压蒸馏装置，收集 102～104℃（19mmHg）的馏分，产量为 4～5g。纯苯乙醇的沸点为 203.6℃。

【注意事项】

1. 滴加苯乙酮时反应温度要控制在 48～50℃。
2. 反应过程中有氢气产生，严禁明火。
3. 有机层如未洗到中性，在蒸馏过程中产物将会分解。

【思考题】

1. 加碳酸钾的作用是什么？
2. 滴加苯乙酮时为什么要将反应体系控制在 48～50℃？

实验 3-10　叔丁基对苯二酚的制备

【实验目的】

1. 学习制备叔丁基对苯二酚的原理与方法。
2. 熟练电动搅拌、回流、重结晶等实验操作。

【实验原理】

叔丁基对苯二酚（TBHQ）是一种新颖的食用抗氧化剂，对植物性油脂的抗氧化性有特效，同时还兼有良好的抗细菌、霉菌、酵母菌的能力。

TBHQ 的制备一般以对苯二酚为原料，在酸性催化剂作用下它与异丁烯、叔丁醇或甲基叔丁基醚进行烷基化反应，反应混合物经进一步处理得到纯的 TBHQ。反应常用的催化剂有液体催化剂及固体催化剂。常用的液体催化剂有浓硫酸、磷酸、苯磺酸等，反应一般在水与有机溶剂组成的混合溶剂中进行。常用的固体催化剂有强酸型离子交换树脂（如 Amberlyst-15、拜耳 K-1481）、沸石和活性白土，反应需在环烷烃、芳香烃、脂肪酮等溶剂中进行。

本实验以对苯二酚、叔丁醇为原料，以磷酸作催化剂，在二甲苯溶剂中反应制得 TBHQ，其反应式为：

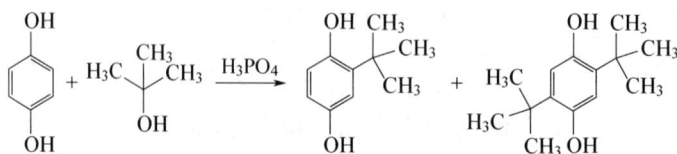

对苯二酚烷基化是芳环上的亲电取代反应，叔丁基是推电子基团，连上一个叔丁基后，芳环进一步活化，很容易再上另一个叔丁基。由于位阻的关系，本反应的主要副产物是 2,5-二叔丁基对苯二酚，2,6 位与 2,3 位的二叔丁基对苯二酚很少。反应中，叔丁醇要慢慢滴加，以使对苯二酚保持相对过量，减少副反应。

反应实际上是分两步进行的，第一步是生成溶于水的中间产物醚类，反应很快。第二步是中间产物进行重排，生成 2-叔丁基对苯二酚。这步反应则比较困难，需在高温下反应较长时间才能使中间产物充分转化，是整个合成反应的控制步骤。相关反应机理如下：

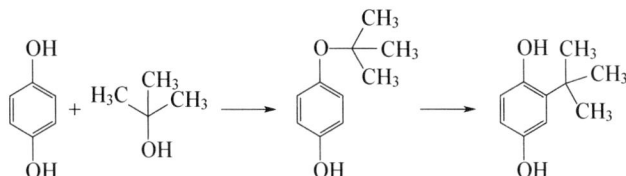

【实验装置】

制备叔丁基对苯二酚的实验装置见图 3.6。

【仪器与试剂】

仪器：三口烧瓶、二口连接管、温度计（200℃）、球形冷凝管、滴液漏斗、烧杯、锥形瓶、布氏漏斗、抽滤瓶、表面皿、电动搅拌器。

试剂：叔丁醇、对苯二酚、85%磷酸、二甲苯、活性炭。

【实验步骤】

按图 3.6 所示组装实验仪器，在 150mL 三口烧瓶上安装二口连接管，再装上搅拌器、温度计、球形冷凝管。依次向三口烧瓶中加入 5.5g 对苯二酚、5.0mL85%磷酸、20.0mL二甲苯，启动搅拌。缓慢加热到 100～110℃，慢慢滴加7.5mL 叔丁醇和 5mL 二甲苯的溶液。滴加过程中温度保持

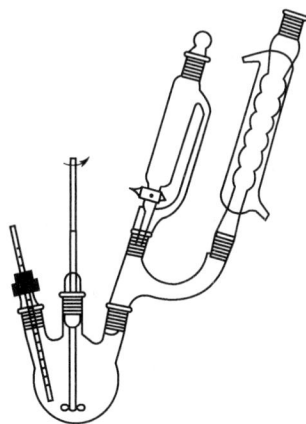

图 3.6　实验装置

在 100～110℃，并开始计时，约 30～60min 滴加完毕。滴加完后，继续加热升温至 135～140℃，恒温加热回流 2.5h（从开始滴加叔丁醇时计时）。缓慢降温至 120℃左右，待无回流液时，停止搅拌，将反应液趁热迅速倒入盛有 50mL 热水的烧杯中，用少量热水清洗三口烧瓶中的残余反应液，并将其并入烧杯中。将烧杯冷却 30min 左右，使之结晶完全。抽滤，得白色粗品。滤液经分离回收二甲苯和磷酸。用 25mL 二甲苯重结晶，活性炭脱色。重结晶产品在红外灯下干燥，称量，计算产率。

【注意事项】

本实验以二甲苯作溶剂，可达到两个目的。一是控制叔丁醇局部浓度不至于过高，减少副产物二叔丁基对苯二酚的生成；二是考虑到二叔丁基对苯二酚溶于冷的二甲苯，加入二甲苯可去除产品中的二叔丁基对苯二酚，对产品起到初步的净化作用。

【思考题】

1. 傅氏反应常用的催化剂有哪些？

2. 本实验以二甲苯作为溶剂有何好处？

3.4 醚

醚类物质，除 2～3 个碳原子的醚是气体外，其余的醚在常温下通常为无色液体，有特殊气味。醚分子间不能形成氢键，故沸点较低。但是醚可以与水形成氢键，故有一定的水溶性。醚可以分为脂肪醚、芳香醚，还有环醚如环氧化合物、冠醚等。

醚的化学性质相对不活泼，遇碱、氧化剂和还原剂等一般不发生化学反应；常温下与金属钠也不反应，因而可以用金属钠干燥乙醚。但是醚具有碱性，遇酸可以形成盐，甚至发生醚键的断裂。五元环以上环醚的性质与简单醚基本相似，但是小环醚由于存在较大的环张力，其性质与简单醚差别较大，易与亲核试剂作用发生开环反应。

醚的合成方法比较多，下面主要介绍几种实验室和工业上的制备方法。

① 工业上，乙醚可以由乙醇经过浓硫酸脱水制取。

② 乙烯在催化剂的作用下与空气中的氧气反应，是工业上制取环氧化合物的主要方法。该方法只适合于氧化乙烯制取环氧乙烷。

③ Williamson 合成法　醇钠与卤代烃反应，可以合成脂肪醚、脂环醚及芳香醚。该反应选用伯卤代烷效果较好，仲卤代烷的消除产物较多，而叔卤代烷在强碱性条件下只能得到烯烃，因此在合成混合醚时，必须选择适当的原料组合。也可以使用磺酸酯或者硫酸酯类化合物代替卤代烃进行反应。Williamson 合成法也可以用于环醚和芳香醚的合成。在合成苯甲醚（茴香醚）时，一般需要使用剧毒的硫酸二甲酯，现在可以利用无毒的碳酸二甲酯代替硫酸二甲酯合成茴香醚。环醚也可以利用分子内的 Williamson 合成法制备，卤代醇在碱性条件下可能会发生水解副反应，但是水解生成二醇的反应速率较慢，另外 Williamson 反应也可能发生在分子间，所以反应应在稀释的条件下进行，避免或减少副反应的发生。

④ 不饱和烃与醇的反应制备　醇在酸的催化下，可以与烯烃发生亲电加成反应形成醚，该反应是可逆的。醇也可以在碱催化下与炔烃发生亲核加成反应形成烯基醚。

实验 3-11　乙醚的制备

【实验目的】

1. 学习形成碳氧碳键的方法，熟悉醇分子间脱水反应的原理。
2. 学习低级醇制备相应简单醚的操作，巩固萃取、低沸点溶剂的蒸馏等基本实验技能。

【实验原理】

简单醚可通过酸催化下醇的分子间脱水反应制备。乙醚是无色透明液体，有特殊刺激性气味，易挥发，在空气中易氧化成过氧化物、醛和乙酸。当乙醚中含有过氧化物时，将蒸发后残留的过氧化物加热到 100℃能引起强烈爆炸。本实验采用浓硫酸催化制备。

主反应：

$$C_2H_5OH + H_2SO_4 \xrightleftharpoons{100\sim130℃} C_2H_5OSO_2OH + H_2O$$

$$C_2H_5OSO_2OH + C_2H_5OH \underset{}{\overset{135\sim145℃}{\rightleftharpoons}} C_2H_5OC_2H_5 + H_2SO_4$$

副反应：

$$C_2H_5OH \xrightarrow{170℃} H_2C\!=\!\!CH_2 + H_2O$$

$$C_2H_5OH \xrightarrow[\text{[O]}]{\text{浓}H_2SO_4} CH_3CHO + SO_2\uparrow + H_2O$$

$$C_2H_5OH \xrightarrow{\text{浓}H_2SO_4} CH_3COOH + SO_2\uparrow + H_2O$$

【实验装置】

制备乙醚的实验装置见图3.7。

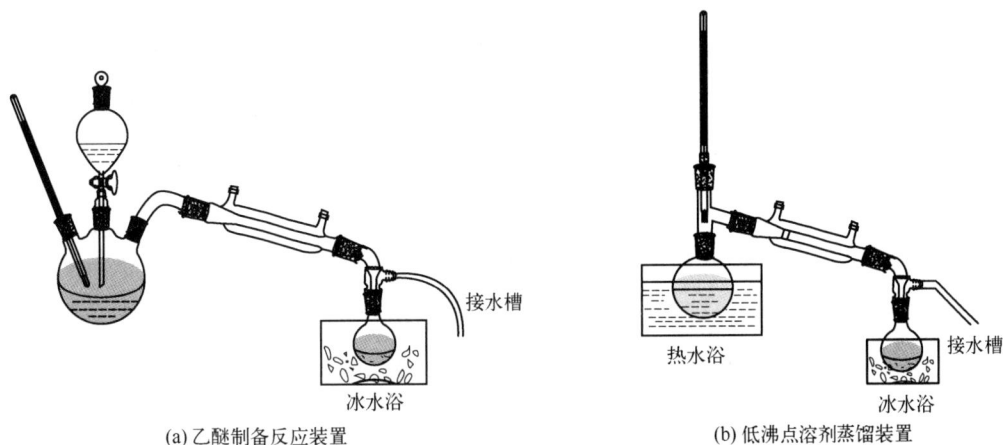

(a) 乙醚制备反应装置　　　　　　　　(b) 低沸点溶剂蒸馏装置

图 3.7　实验装置

【仪器与试剂】

仪器：三口烧瓶、圆底烧瓶、直形冷凝管、蒸馏装置、长颈滴液漏斗、分液漏斗。

试剂：乙醇（95%）、浓硫酸、饱和食盐水、无水氯化钙、5%氢氧化钠溶液、饱和氯化钙。

【实验步骤】

乙醚制备装置如图3.7（a）所示，在100mL三口烧瓶中加入13mL乙醇，缓慢加入12.5mL浓硫酸，混合均匀，加入沸石。长颈滴液漏斗的末端浸入液面以下距瓶底0.5~1cm处，接收瓶应浸入冰水浴中冷却，接引弯管支口接橡胶管通水槽。在滴液漏斗中加入25mL乙醇，加热使反应瓶中的温度上升到140℃，开始缓慢滴加乙醇，控制滴加速度和馏出液速度大致相等，并保持反应温度在140℃左右，大概30~40min滴加完毕，加完后继续加热数十分钟，温度上升到160℃时，停止加热。

将馏出液转入分液漏斗，依次用8mL 5%氢氧化钠溶液、8mL饱和食盐水和8mL饱和氯化钙各洗涤一次，再用8mL饱和氯化钙洗涤后，分出醚层，用1~2g无水氯化钙干燥30min，瓶中乙醚澄清，将乙醚滤入低沸点溶剂蒸馏装置[图3.7（b）]的圆底烧瓶中，用热水浴（约

60℃）进行蒸馏，收集 33～38℃馏分，产量约 8～10g。纯乙醚的沸点为 34.5℃。

【注意事项】

1. 乙醇的滴入速度与乙醚的馏出速度相等，若滴加速度过快，乙醇未及时作用就被蒸出，反应液的温度降低，乙醚的产量会降低。

2. 用氢氧化钠溶液洗涤后，直接用氯化钙溶液洗涤时，将有氢氧化钙的沉淀析出，故在用氯化钙溶液洗涤前先用饱和食盐水洗涤。用饱和氯化钙溶液洗涤可以除去未反应的乙醇，因为氯化钙能够与乙醇作用生成络合物（$CaCl_2 \cdot C_2H_5OH$）。

3. 乙醚是低沸点、易燃溶液，在蒸馏过程中不能见明火。

【思考题】

1. 制备乙醚时，为什么要将滴液漏斗的末端浸入到反应液中？
2. 反应温度过低、过高或乙醇滴入速度过快有什么不好？
3. 反应中可能产生的副产物是什么？各步洗涤的目的是什么？
4. 蒸馏和使用乙醚时的注意事项是什么？为什么？

实验 3-12　正丁醚的制备

【实验目的】

1. 了解醚的制备方法，熟悉 Williamson 反应的原理。
2. 学习分水器的实验操作，巩固萃取、蒸馏等基本实验技术。
3. 掌握醇分子间脱水制备醚的反应原理和实验方法。

【实验原理】

醇分子间脱水生成醚是制备简单醚常用的方法。用硫酸作为催化剂，在不同温度下正丁醇和硫酸作用生成的产物不同，主要是正丁醚和丁烯，反应要严格控制温度。正丁醚，又名二丁醚，为透明液体，具有类似水果的气味，微有刺激性，主要用作溶剂、电子级清洗剂、有机合成上游原料。

主反应：

副反应：

【实验装置】

制备正丁醚的实验装置见图 3.8。

【仪器与试剂】

仪器：三口烧瓶、圆底烧瓶、球形冷凝管、分水器、蒸馏装置、分液漏斗。

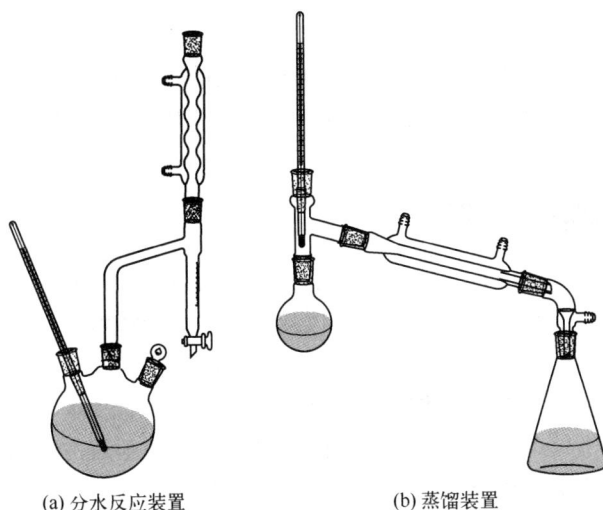

(a) 分水反应装置　　　　　(b) 蒸馏装置

图 3.8　实验装置

试剂：正丁醇（新蒸）、浓硫酸（新蒸）、无水氯化钙、5%氢氧化钠溶液、饱和氯化钙溶液。

【实验步骤】

将 16mL 正丁醇、2.5mL 浓硫酸和沸石加到 50mL 三口烧瓶中，摇匀后按图 3.8（a）安装仪器。分水器内加水至支管后放去约 1.5mL 水。开始小火加热，保持瓶内液体微沸回流，随着反应进行，回流液经冷凝管收集到分水器中，分液后水层在下层，上层有机相累积至分水器支管时又流回烧瓶。当烧瓶内反应物温度上升到 135℃ 左右，分水器被水充满时，即可停止反应，大约 1.5h。时间过长温度过高，则反应液变黑并有较多的副产物生成。

将冷却后的反应液倒入盛有 25mL 水的分液漏斗中[图 3.8（b）]，充分振摇，静置分层后弃去水层，有机层依次用 13mL 水、10mL 5%氢氧化钠溶液、10mL 水和 10mL 饱和氯化钙溶液洗涤，然后用 1g 无水氯化钙干燥。干燥后的产物滤入 25mL 干燥蒸馏烧瓶中，蒸馏收集 140～144℃的馏分，产量为 3～4g。

【注意事项】

1. 加热时，正丁醇和浓硫酸应充分摇匀，否则硫酸局部过浓，易使溶液变黑。

2. 按反应式计算，生成水的量约为 1.5mL，实际分出的水的体积略大于计算量，因为有单分子脱水生成副产物。

3. 正丁醚制备实验的较适宜温度是 130～145℃，但开始回流时很难达到这一温度，这是因为正丁醚、正丁醇和水之间可以形成共沸物，即正丁醚和水形成共沸物（沸点为 94.1℃，含水 33.4%）、正丁醚和正丁醇形成共沸物（沸点为 117.6℃，含正丁醇 82.5%）、正丁醚还能和正丁醇、水形成三元共沸物（沸点为 90.6℃，含水 29.9%、正丁醇 34.6%），正丁醇和水形成共沸物（沸点为 93℃，含水 44.5%）。故反应温度控制在 90～100℃之间比较合适，而实际操作时的温度在 100～115℃之间。

4. 在碱洗过程中，不要太过剧烈地摇动分液漏斗，否则生成乳浊液使分离困难。

【思考题】

1. 如何知道反应已经完成？

2. 使用分水器的目的是什么？

3. 本实验中按理论计算应分出多少水？实际分出的水的体积往往超过理论值，为什么？

4. 反应结束后为什么要将反应物倒入水中？各步洗涤的目的是什么？

3.5 醛酮及其衍生物

醛和酮是一类重要的有机化合物，其合成在有机合成中占有非常重要的地位，醛和酮的分子中都含有羰基，它是由碳原子与氧原子以双键结合成的官能团，与碳碳双键相似。根据烃基的不同，可以分为脂肪醛酮和芳香醛酮，根据烃基的饱和性，又可以分为饱和醛酮和不饱和醛酮。常温下，除去甲醛是气体外，12 个碳以下的一般是液体，12 个碳以上的一般是固体；芳香醛酮一般为液体或固体；低级脂肪醛酮具有强烈的刺激性气味；某些醛酮具有花果香味，可以用于香料工业。由于羰基具有极性，因此醛酮的沸点比分子量相近的烃或者醚要高一些，但是由于醛酮分子间不能形成氢键，因此其沸点较相应的醇要低一些。

醛和酮的合成方法繁多，新合成途径也层出不穷。主要方法有以下几种：

① 低级伯醇和仲醇的氧化和脱氢　氧化剂主要有三氧化铬-双吡啶络合物（Sarett 试剂）、氯铬酸吡啶盐（PCC）、重铬酸吡啶盐（PDC）等。

② 羰基合成　烯烃与一氧化碳和氢气在催化剂作用下可以生成比原烯烃多一个碳原子的醛，该合成方法称为羰基合成，也称为烯烃的氢甲酰化。常用的催化剂有八羰基合二钴 $[Co(CO)_4]_2$，反应在加热、加压条件下进行。

③ 烷基苯的氧化　工业上常采用氧化烷基苯的方法制取芳香醛和芳香酮，例如甲苯被空气、铬酰氯或铬酐氧化可得到苯甲醛。

④ 偕二卤代物的水解　即碳二卤代物水解成醛和酮。例如工业上可以利用苯二氯甲烷水解制取苯甲醛。

⑤ 羧酸衍生物的还原　常用的还原方法有金属氢化物及催化氢化还原。

⑥ 芳环的酰基化　芳香烃进行 Friedel-Crafts 反应，是合成芳香酮的重要方法。在 Lewis 酸催化下，用一氧化碳和氯化氢与芳香烃作用生成芳香醛，此反应称为 Gattermann-Koch 反应，该反应可以看成是 Friedel-Crafts 反应的一种特殊形式，相当于用甲酰氯进行的酰基化反应，适用于烷基苯的甲酰化。

实验 3-13　肉桂醛的合成

【实验目的】

1. 进一步熟悉并掌握萃取技术。

2. 进一步熟悉和掌握 Claisen-Schmidt 缩合反应。

3. 掌握碱催化苯甲醛制备不饱和醛的方法。

【实验原理】

肉桂醛（cinnamaldehyde），学名苯丙烯醛、桂醛、桂皮醛。肉桂醛是淡黄色油状液体，具有强烈的新鲜肉桂、药辛香气；在空气中易被氧化成桂酸。熔点为-7.5℃，沸点为 253℃，相对密度为 1.0497（20℃），折射率为 1.6195，溶于醇、醚、氯仿，微溶于水。肉桂醛是重要的合成香料，主要用于调制素馨、铃兰、玫瑰等日用香精，也用作食品香料，常用于调味品类、甜酒等，还用于苹果、樱桃等香精，同时还是医药中间体。肉桂醛由苯甲醛和乙醛在稀碱条件下经 Claisen-Schmidt 缩合反应制得，化学反应式为：

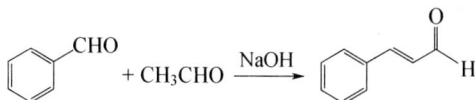

【仪器与试剂】

仪器：四口烧瓶、球形冷凝管、减压蒸馏装置、电动搅拌机、温度计（0～200℃）、滴液漏斗、分液漏斗、烧杯。

药品：苯甲醛、40％乙醛、1％氢氧化钠溶液、氯化钠、乙醚、无水硫酸钠。

【实验步骤】

在装有电动搅拌机、球形冷凝管、滴液漏斗和温度计的 500mL 四口烧瓶中，加入 12.5g 苯甲醛、12.50g 40％乙醛和 300mL 1％氢氧化钠溶液，于 20℃剧烈搅拌 3～4h。反应完毕，加入氯化钠至饱和。用 90mL 乙醚分三次萃取，合并乙醚提取液，用无水硫酸钠干燥。在水浴上蒸出乙醚，残余物减压蒸馏。前馏分主要为未反应的苯甲醛。肉桂醛的沸程为 128～130℃，产品为浅黄色液体。

【注意事项】

1. 反应温度要控制在 20℃，必要时可用冷水浴冷却。
2. 滴加乙醛溶液时要快速加完。
3. 反应应快速搅拌。

【思考题】

在反应过程中，可能存在哪些副反应？应该如何避免？

实验 3-14　环己酮的合成

【实验目的】

1. 掌握氧化法制备环己酮的原理和方法。
2. 掌握盐析和干燥等实验操作及空气冷凝管的应用。
3. 掌握简易水蒸气蒸馏的方法。

【实验原理】

醇类在氧化剂存在下通过氧化反应可被氧化为醛或酮。本实验是氧化环己醇而制得环己酮。六价铬是将伯、仲醇氧化成醛酮的最重要和最常用的试剂，氧化反应可在酸性、碱性或中性条件下进行。铬酸是重铬酸盐与 40％～50％硫酸的混合物。本实验采用酸性氧化，反应式如下：

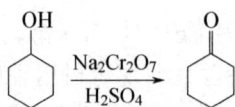

$$\underset{\text{OH}}{\bigcirc} \xrightarrow[\text{H}_2\text{SO}_4]{\text{Na}_2\text{Cr}_2\text{O}_7} \underset{\text{O}}{\bigcirc}$$

【实验装置】

合成环己酮的实验装置见图3.9。

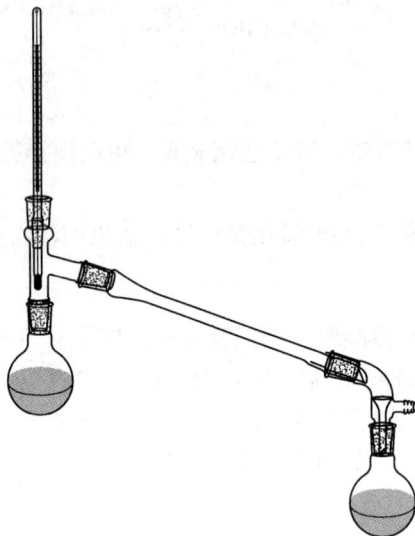

图 3.9   实验装置

【仪器与试剂】

仪器：250mL 圆底烧瓶、烧杯、接引管、石棉网、分液漏斗、锥形瓶、空气冷凝管、蒸馏装置。

药品：10.0g（10.4mL，0.1mol）环己醇、10.4g（约 0.035mol）二水合重铬酸钠、浓硫酸、甲醇、氯化钠、无水碳酸钾。

【实验步骤】

实验装置如图3.9所示，于250mL圆底烧瓶中加入60mL冰水、10mL浓硫酸和10.4mL环己醇，冷却至15℃。于100mL烧杯中加入10.4g二水合重铬酸钠，再加10mL水，冷却至15℃。

将重铬酸钠溶液分批少量地加入烧瓶中，振荡，控制反应温度在55～60℃，反应至温度出现下降趋势。加入2mL甲醇以除去未反应完的氧化剂。在反应液中加入50mL水和几粒沸石，于石棉网上加热进行水蒸气蒸馏。

将馏出液用8g氯化钠饱和，将液体转入分液漏斗中分液，产物从分液漏斗上口倒入一干燥的50mL小锥形瓶中，用1～2g无水碳酸钾干燥。待溶液清亮透明后，小心滤入干燥的小烧瓶中，投入几粒沸石后用空气冷凝管蒸馏，收集150～156℃的馏分于一已称量的小锥形瓶中。称量，计算产率，测定折射率。纯环己酮为无色透明液体，沸点为155.7℃，相对密度 d_4^{20} 为 0.948，折射率 n_D^{20} 为 1.4507。

【注意事项】

1. 投料时应先投入冰水，再投浓硫酸；投料后，一定要混合均匀。

2. 反应物不宜过于冷却，以免积累未反应的铬酸，造成反应失控。

3. 干燥要彻底，否则纯化蒸馏时前馏分太多，从而影响环己酮的收率。

【思考题】

1. 本实验的氧化剂能否改用硝酸或高锰酸钾，为什么？

2. 蒸馏产物时为何使用空气冷凝管？

实验 3-15 苯亚甲基苯乙酮的合成

【实验目的】

1. 了解醇醛缩合制备 α, β-不饱和酮的方法，学会苯亚甲基苯乙酮的合成方法。

2. 掌握反应温度控制方法；巩固恒压滴液漏斗的使用；巩固重结晶的操作。

3. 学习有机物的分离和结构鉴定。

【实验原理】

苯亚甲基苯乙酮，又名查耳酮、苯乙烯基苯基酮和亚苄基苯乙酮。E 构型：淡黄色棱状晶体，熔点为 58℃，沸点为 345～348℃（微分解）。Z 构型：淡黄色晶体，熔点为 45～46℃。合成的混合体：淡黄色斜方或菱形结晶，熔点为 55～57℃，沸点为 208℃（3.3kPa）。相对密度为 1.0712（62℃/4℃），折射率（n_D^{62}）为 1.6458，易溶于醚、氯仿、二硫化碳和苯，微溶于醇，难溶于冷石油醚。吸收紫外光，有刺激性，能发生取代、加成、缩合、氧化、还原反应。用于有机合成，如合成甜味剂。

本实验由苯乙酮在碱性条件下与苯甲醛缩合而成，反应方程式如下：

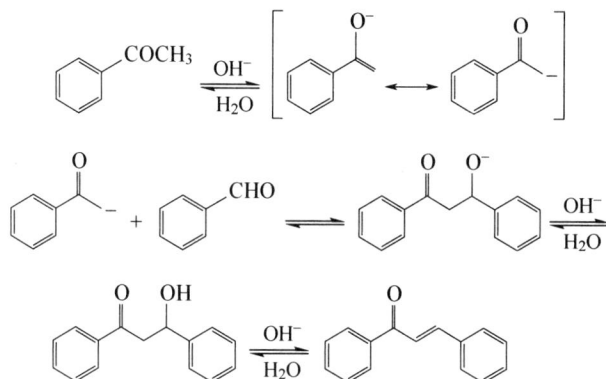

【实验装置】

合成苯亚甲基苯乙酮的实验装置见图 3.10。

【仪器与试剂】

仪器：三口烧瓶、滴液漏斗、温度计、玻璃棒、磁力搅拌器、抽滤瓶、布氏漏斗。

试剂：苯甲醛、苯乙酮、10%氢氧化钠溶液、乙醇。

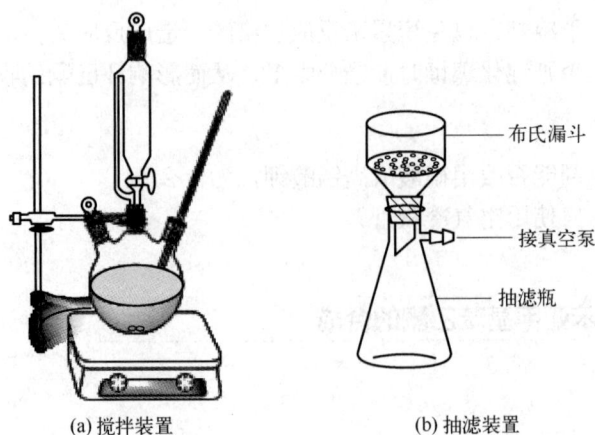

(a) 搅拌装置　　　　　　　　(b) 抽滤装置

图 3.10　实验装置

【实验步骤】

（1）苯亚甲基苯乙酮的合成

在 100mL 三口烧瓶 [图 3.10（a）] 中，加入 10%氢氧化钠溶液（12.5mL）、乙醇（8mL）和苯乙酮（3mL，0.025mol）。搅拌下由滴液漏斗滴加苯甲醛（2.5mL，0.025mol），控制滴加速度保持反应温度在 25～30℃之间，必要时用冷水浴冷却。滴加完毕后，继续保持此温度搅拌 0.5h。然后加入几粒苯亚甲基苯乙酮作为晶种，室温下继续搅拌 1～1.5h，即有固体析出。反应结束后将三口烧瓶于冰水浴中冷却 15～30min，使结晶完全。

（2）苯亚甲基苯乙酮的分离

减压抽滤收集产物 [图 3.10（b）]，用水充分洗涤，至洗涤液在石蕊试纸上显中性。然后用少量冷乙醇（2～3mL）洗涤结晶，挤压抽干，得苯亚甲基苯乙酮粗品。粗产物用 95%乙醇重结晶（每克产物需 4～5mL 溶剂），若溶液颜色较深可加少量活性炭脱色，得浅黄色片状结晶约 3g，熔点为 56～57℃。

（3）结构和纯度分析

对产物进行红外光谱分析，初步确证产物的结构。

请选择合适的氘代试剂，做 ^{1}H NMR 图谱分析，说明产品结构的正确性。

测定收集的苯亚甲基苯乙酮熔点，与标准对照。

【注意事项】

1. 稀碱溶液最好新配。
2. 一定要按顺序加入试剂，因为可以抑制反应。
3. 控制好温度，洗涤要充分。

【思考题】

1. 本反应中，若将稀碱换成浓碱可以吗？为什么？
2. 先加苯甲醛，后加苯乙酮可以吗？为什么？
3. 在实验中，用水洗的目的是什么？
4. 本实验中可能会产生哪些副反应？实验中采取了哪些措施来避免副产物的生成？

实验 3-16　4-苯基-2-丁酮的制备

【实验目的】

1. 了解酯化反应、克莱森酯缩合反应的化学原理。
2. 学习回流、蒸馏的操作。

【实验原理】

4-苯基-2-丁酮存在于烈香杜鹃的挥发油中，具有止咳、祛痰的作用，4-苯基-2-丁酮结构简单，适合于以乙酰乙酸乙酯为原料，通过合成烷基取代的乙酰乙酸乙酯，然后进行酮式分解等有机合成的方法得到。合成反应式如下：

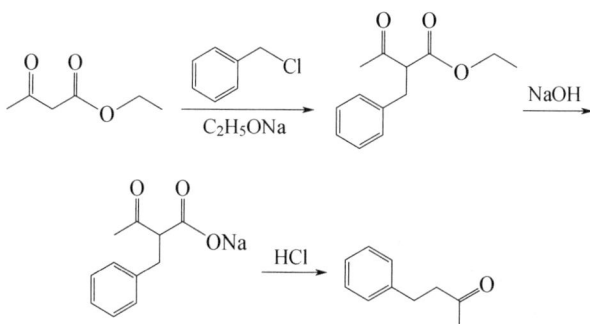

【仪器与试剂】

仪器：三口烧瓶、温度计、冷凝管、分液漏斗、铁架台、尾接管、圆底烧瓶、水浴锅、恒压滴定管。

试剂：无水乙醇、金属钠、乙酰乙酸乙酯、氯化苄、10%氢氧化钠溶液、乙醚、20%盐酸、无水氯化钙。

【实验步骤】

在三口烧瓶中装入 20mL 无水乙醇和 1.0g 金属钠，搅拌至金属钠完全溶解，滴加 5.5mL 乙酰乙酸乙酯，加完后继续搅拌 10min。然后在 30min 内滴加 5.3mL 氯化苄，继续搅拌 10min 后加热回流 1.5h。水浴蒸出大部分乙醇，冷却后，向反应液中加入 20mL 冰水，使析出的盐溶解。用分液漏斗分出有机层，水层用乙醚萃取，合并有机层和萃取液，水浴蒸出乙醚。往溶液中加入 15mL 10%氢氧化钠溶液，在搅拌条件下加热回流 1.5h，滴加 20%盐酸调节溶液 pH 值，再加热至无气泡产生。冷却后用稀的氢氧化钠溶液调节 pH 至中性。用乙醚萃取（15mL×3），合并萃取液，用水洗涤一次，再用无水氯化钙干燥，蒸出乙醚。剩余产物进行减压蒸馏，收集 86～88℃的产物，计算产率。

【注意事项】

1. 本实验要求仪器干燥并使用无水乙醇，乙醇中所含少量的水会明显降低产率。
2. 乙酰乙酸乙酯储存时间过长会发生部分水解，用时需经减压蒸馏重新纯化。

3. 滴加盐酸时速度不宜太快，以防止逸出大量二氧化碳而冲料。

【思考题】

1. 乙酰乙酸乙酯在合成上有什么用途？烷基取代乙酰乙酸乙酯与稀碱和浓碱作用将分别得到什么产物？

2. 如何利用乙酰乙酸乙酯合成苯甲酰乙酸乙酯和2,6-庚二酮？

3.6　羧酸及其衍生物

羧酸是重要的有机化工原料。制备羧酸的方法很多，最常用的是氧化法，烯烃、醇和醛、酮等的氧化都可以用来制备羧酸，所用的氧化剂有重铬酸钾-硫酸、高锰酸钾、硝酸、过氧化氢、臭氧及过氧酸等。

① 伯醇的氧化　可以由伯醇经过重铬酸钾-硫酸、三氧化铬-冰醋酸、高锰酸钾、硝酸等氧化得到。羧酸不容易被继续氧化，又比较容易分离提纯，因此，在实验操作上比利用氧化还原反应由醇制备醛酮简单。例如：

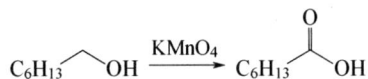

$$C_6H_{13}\text{—}OH \xrightarrow{KMnO_4} C_6H_{13}\text{—}COOH$$

② 醛的氧化　醛很容易被氧化成相应的羧酸，常用的试剂是高锰酸钾，但是由于一般的醛价格比较高，短链脂肪醛沸点又常常比较低，在实验中损失往往比较大，因此这种方法往往只适合于比较容易获得的醛。例如：

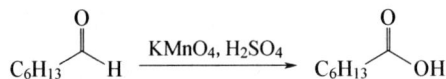

$$C_6H_{13}\text{—}CHO \xrightarrow{KMnO_4,\ H_2SO_4} C_6H_{13}\text{—}COOH$$

③ 芳烃支链的氧化　这种方法主要适合于芳香族羧酸的制备。例如：

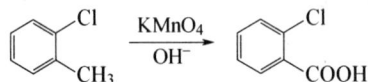

$$\text{(邻氯甲苯)} \xrightarrow[OH^-]{KMnO_4} \text{(邻氯苯甲酸)}$$

④ 水解法　腈在酸性或者碱性条件下水解成羧酸，有时候也通过三个氯原子位于同一个碳原子上的多氯代烃水解制备羧酸。例如：

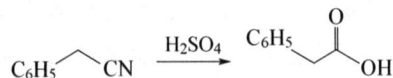

$$C_6H_5\text{—}CH_2CN \xrightarrow{H_2SO_4} C_6H_5\text{—}CH_2COOH$$

⑤ 格氏试剂法　格氏试剂与二氧化碳反应的加成产物水解后可以制备羧酸。例如：

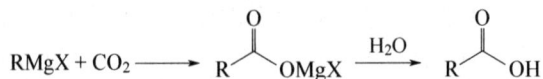

$$RMgX + CO_2 \longrightarrow R\text{—}C(O)\text{—}OMgX \xrightarrow{H_2O} R\text{—}COOH$$

羧酸酯是一类在工业和商业上用途广泛的化合物。可由羧酸和醇在催化剂存在下直接酯化来进行制备，或采用酰氯、酸酐和腈的醇解，有时也可利用羧酸盐与卤代烷或硫酸酯的反应。制备方法有以下几种：

① 直接酯化　该类反应是典型的可逆反应，一般采用质子酸，如浓硫酸、对甲苯磺酸、磷酸等作为催化剂；常采用醇大大过量，同时将生成的产物酯或者水分出体系来提高反应的羧酸酯收率。反应式如下：

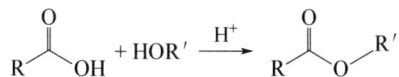

$$R-\overset{\underset{\|}{O}}{C}-OH + HOR' \xrightarrow{H^+} R-\overset{\underset{\|}{O}}{C}-O-R'$$

② 卤代烷和羧酸盐反应　主要采用卤代的烷基烃、苄基卤等与羧酸盐反应，同时可能伴随有卤代烃水解等副反应，产率一般可以达到中等水平及以上。反应式如下：

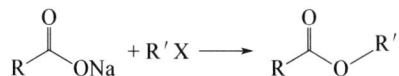

$$R-\overset{\underset{\|}{O}}{C}-ONa + R'X \longrightarrow R-\overset{\underset{\|}{O}}{C}-O-R'$$

③ 醇或酚的酰化　酰氯和醇或酚在碱作催化剂，常温条件下可以高收率得到相应的羧酸酯。反应式如下：

$$R-\overset{\underset{\|}{O}}{C}-Cl + HOR' \xrightarrow{碱} R-\overset{\underset{\|}{O}}{C}-O-R'$$

④ 醇和酸酐反应　过量的醇和酸酐在常温下可以高收率得到相应的羧酸酯，反应式如下：

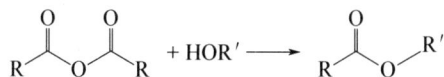

$$R-\overset{\underset{\|}{O}}{C}-O-\overset{\underset{\|}{O}}{C}-R + HOR' \longrightarrow R-\overset{\underset{\|}{O}}{C}-O-R'$$

⑤ 醇解　过量的醇和羧酸酯在加热条件下反应，反应式如下：

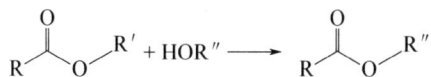

$$R-\overset{\underset{\|}{O}}{C}-O-R' + HOR'' \longrightarrow R-\overset{\underset{\|}{O}}{C}-O-R''$$

实验 3-17　乙酸乙酯的制备

【实验目的】

1. 学习羧酸与醇脱水制备酯的合成方法。
2. 巩固洗涤、萃取和蒸馏等基本实验操作。
3. 掌握控制可逆反应平衡的实验技术。

【实验原理】

本实验以冰醋酸和无水乙醇为原料，在浓硫酸催化作用下发生酯化反应制备乙酸乙酯，反应方程式如下：

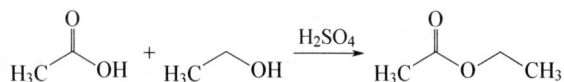

$$H_3C-\overset{\underset{\|}{O}}{C}-OH + H_3C-CH_2OH \xrightarrow{H_2SO_4} H_3C-\overset{\underset{\|}{O}}{C}-O-CH_2CH_3$$

该反应是可逆反应，为了提高酯的产量，本实验采取加入过量乙醇及不断把反应中生成的酯和水蒸出的方法。在工业生产中，一般加入过量的乙酸，以便使乙醇转化完全，避免乙醇和水及乙酸乙酯形成二元或三元恒沸物，给分离带来困难。

【仪器与试剂】

仪器：圆底烧瓶、球形冷凝管、电热套、分液漏斗、锥形瓶、蒸馏装置。

试剂：冰醋酸、无水乙醇、浓硫酸、无水硫酸镁、饱和食盐水、饱和氯化钙、饱和碳酸钠溶液、pH 试纸。

【实验步骤】

（1）乙酸乙酯的合成

在 50mL 圆底烧瓶中加入 7.2mL 冰醋酸和 11.5mL 乙醇，在摇动下慢慢加入 4mL 浓硫酸，混合均匀后加入沸石，装上球形冷凝管，在水浴上加热回流 30min。

（2）乙酸乙酯的分离

稍冷后改为蒸馏装置，在沸水浴上蒸馏至不再有馏出物为止，得到粗乙酸乙酯。在摇动下慢慢向粗乙酸乙酯中加入饱和碳酸钠溶液，至无二氧化碳逸出，有机相在 pH 试纸上呈中性为止。将液体转入分液漏斗中，振摇后静置分去水相，有机相用 15mL 饱和食盐水洗涤，再用 5mL 饱和氯化钙溶液洗涤两次。弃去水相，有机相用无水硫酸镁干燥。干燥后的乙酸乙酯在水浴上进行蒸馏，收集 73～78℃馏分，产量约 5～6g。

【注意事项】

1. 温度不宜过高，否则会增加副产物乙醚的含量。滴加速度如果太快会使醋酸和乙醇来不及作用而被蒸出。

2. 由于水与乙醇、乙酸乙酯形成二元或三元恒沸物，故在未干燥前有机相已是清亮透明溶液，因此，不能以有机相是否透明作为是否干燥好的标准，应以干燥剂加入后吸水情况而定，并放置 30min，其间要不时摇动。若洗涤不净或干燥不够，沸点会降低，影响产率。

3. 乙酸乙酯与水或醇形成二元或三元恒沸物的组成及沸点见表 3.1。

表 3.1　乙酸乙酯与水或醇形成二元或三元恒沸物的组成及沸点

沸点/℃	组成/%		
	乙酸乙酯	乙醇	水
70.2	82.6	8.4	9.0
70.4	91.9		8.1
71.8	69.0	31.0	

【思考题】

1. 乙酸与乙醇在硫酸催化下脱水制备乙酸乙酯是一个可逆反应，若不打破反应平衡，乙酸乙酯的产率不高。本实验采取加入过量乙醇及不断把反应中生成的酯和水蒸出的方法。分水器是分去反应体系中水的一种简单仪器，请问本实验可否使用分水器分去生成的水而打破平衡呢？

2. 在乙酸乙酯的后处理过程中，为什么用饱和氯化钙溶液洗涤？

实验 3-18　己二酸的合成

【实验目的】

1. 了解氧化环己醇制备己二酸的基本原理和方法。
2. 掌握机械搅拌器的安装和使用。
3. 掌握浓缩、过滤、重结晶等基本操作。

【实验原理】

己二酸（ADA），又称肥酸。常温下为白色晶体，是重要的有机合成中间体，主要用于合成纤维和聚氨酯，在增塑剂、润滑油、黏合剂、食品添加剂、杀虫剂、染料、香料和医药等领域也有应用。而制备羧酸最常用的方法是烯、醇或醛的氧化，常用的氧化剂有硝酸、重铬酸钾、高锰酸钾、过氧化氢等。本实验采用环己醇在高锰酸钾的酸性条件下的氧化制备己二酸。

反应方程式如下：

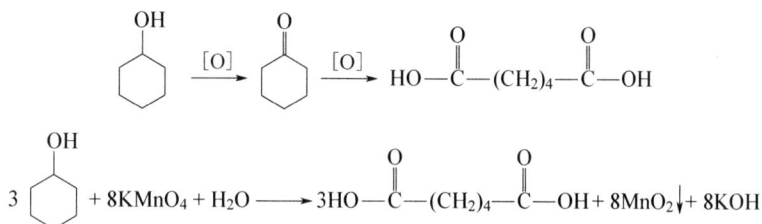

$$3\ \text{环己醇} + 8KMnO_4 + H_2O \longrightarrow 3HO-\overset{O}{\underset{\|}{C}}-(CH_2)_4-\overset{O}{\underset{\|}{C}}-OH + 8MnO_2\downarrow + 8KOH$$

【实验装置】

合成己二酸的实验装置见图 3.11。

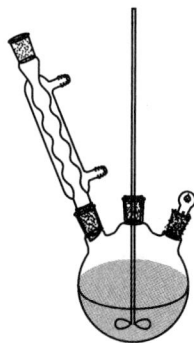

图 3.11　机械搅拌装置

【仪器与试剂】

仪器：三口烧瓶、球形冷凝管、机械搅拌器、温度计、布氏漏斗。

试剂：环己醇、高锰酸钾、氢氧化钠、亚硫酸氢钠、活性炭、浓盐酸。

【实验步骤】

（1）己二酸的制备

如图 3.11 所示，安装好反应装置后，在 250mL 三口烧瓶中加入 1g 氢氧化钠和 50mL 水，在搅拌下加入 6g 高锰酸钾。搅拌加热至 35℃溶解后，停止加热。用滴管慢慢加入 3mL 的环己醇，控制滴加速度使反应温度控制在 45℃左右，滴加完毕后若温度低于 40℃，在 50℃水浴中继续加热至溶液中高锰酸钾的颜色褪去，然后在沸水浴上加热几分钟后有大量的二氧化锰沉淀凝结。用玻璃棒蘸反应物点到滤纸上，如出现紫色，可加入少量固体亚硫酸氢钠除去未反应的高锰酸钾。

（2）己二酸的分离

趁热抽滤[图 3.10（b）]，用少量热水洗涤滤渣 3 次，合并洗涤液和滤液在烧杯中，加入少量活性炭脱色，热过滤后将滤液浓缩至 8mL 左右，冷却后用浓盐酸酸化至 pH 值为 2～4。抽滤，干燥，产量约 2.2～2.8g。纯己二酸的熔点为 152℃。

【注意事项】

1. 羧酸的制备通常是放热反应并在较强的氧化条件下进行，应严格控制反应温度。
2. 环己醇较黏稠，滴加时可加入少量水稀释。

【思考题】

1. 制备羧酸常用的方法有哪些？
2. 为什么要控制氧化反应的温度？

实验 3-19 乙酰水杨酸的制备

【实验目的】

1. 了解制备乙酰水杨酸的原理和方法。
2. 熟悉酯化反应和混合溶剂重结晶的方法。

【实验原理】

乙酰水杨酸通常称为阿司匹林（Aspirin），早在 18 世纪，人们就知道从柳树皮中提取水杨酸，并将它用作止痛、退热和抗炎药，但水杨酸对肠胃刺激作用较大。乙酰水杨酸是 19 世纪末人类合成的可以替代水杨酸的有效药物。目前，阿司匹林仍然是一个广泛使用的具有解热止痛作用的治疗感冒的药物，并发现它有抑制诱发心脏病的因素、防治血栓症和中风等新的功能。

本实验采用水杨酸与乙酸酐在酸催化条件下合成乙酰水杨酸。反应方程式如下：

主反应：

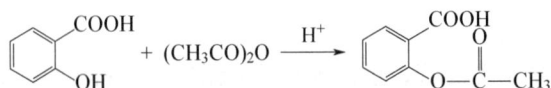

反应过程中水杨酸还可能发生二聚或者多聚形成聚合物等副产物，其副反应如下：

【仪器与试剂】

仪器：锥形瓶、烧杯、玻璃棒、抽滤瓶、布氏漏斗。

试剂：水杨酸、乙酸酐、饱和碳酸氢钠溶液、1%三氯化铁溶液、浓硫酸、浓盐酸。

【实验步骤】

（1）乙酰水杨酸的制备

在 50mL 锥形瓶中加入 2.1g 水杨酸、3mL 乙酸酐和 3 滴浓硫酸，摇动锥形瓶使水杨酸完全溶解后，在水浴上控制温度在 75～85℃并保持 20min。稍微冷却后，在搅拌下倒入 30mL 冷水中，在冰水浴中冷却使结晶完全。抽滤，用滤液淋洗锥形瓶以收集所有产品。再用少量冷水洗涤晶体两次，抽干，自然晾干，称重，粗产物约 2g。

（2）乙酰水杨酸的分离

将粗产物移至 100mL 烧杯中，搅拌下加入 25mL 饱和碳酸氢钠溶液，加完继续搅拌数分钟，至无二氧化碳气泡产生为止。抽滤，用 10mL 水洗涤漏斗上的白色黏性固体，合并滤液，倒入盛有 4mL 浓盐酸和 10mL 水配成溶液的烧杯中，搅拌即有白色乙酰水杨酸固体析出。将烧杯在冰水浴下冷却，使结晶完全，抽滤，用少许冷水洗涤两次，得乙酰水杨酸晶体，干燥后的产物约 1.5g，熔点为 133～135℃。可以用 1%的三氯化铁溶液鉴定产物的纯度。纯乙酰水杨酸为白色针状晶体，熔点为 135～136℃。

【注意事项】

1. 要求乙酸酐是新蒸的。

2. 反应时要注意水浴温度不要过高，并要及时摇动，水浴温度过高将增加副产物的生成。

3. 乙酰水杨酸受热易分解，其分解温度为 128～135℃，因此测熔点时不易观察，测试时应先将载体加热至 120℃左右，然后放入样品测定。

【思考题】

1. 反应中浓硫酸的作用是什么？

2. 制备过程中的副反应是什么？如何避免？

3. 阿司匹林在水中受热分解得到一种溶液，此溶液对三氯化铁实验呈阳性，试解释并写出反应方程式。

实验 3-20　邻苯二甲酸二丁酯的制备

【实验目的】

1. 了解制备二元酯的原理和方法。

2. 熟悉分水器和减压蒸馏的操作。

【实验原理】

邻苯二甲酸二丁酯是由酸酐和醇在强酸催化下反应得到的。反应经过两个阶段。第一阶段是生成单酯，第二阶段是单酯与醇经酯化反应得到二酯。邻苯二甲酸二丁酯是广泛应用于乙烯型塑料的增塑剂，商品名为 DBP，是一种能增强塑料柔韧性和可塑性的有机化合物。

反应原理如下：

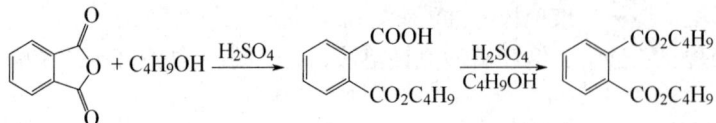

【实验装置】

制备邻苯二甲酸二丁酯的实验装置见图 3.12。

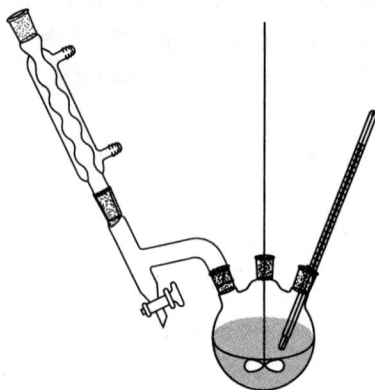

图 3.12　搅拌分水反应装置

【仪器与试剂】

仪器：三口烧瓶、机械搅拌器、分水器、球形冷凝管、分液漏斗、减压蒸馏装置、真空油泵。

试剂：邻苯二甲酸酐、正丁醇、5%碳酸钠溶液、浓硫酸、饱和食盐水、无水硫酸钠。

【实验步骤】

（1）邻苯二甲酸二丁酯的制备

在干燥的 50mL 三口烧瓶中依次加入 13mL 正丁醇、6g 邻苯二甲酸酐、5 滴浓硫酸和沸石，摇匀后，按装置图 3.12 搭好仪器，先在分水器中加入水至与支管平行。用小火加热，待邻苯二甲酸酐固体溶解后（约 15min），继续加热，此时逐渐有正丁醇和水的恒沸物蒸出，当反应温度缓慢上升至 150℃时，停止加热（通常在 1.5～2h）。

（2）邻苯二甲酸二丁酯的分离

当三口烧瓶中液体温度降到 50℃以下时，反应液用 20mL5%碳酸钠溶液中和后，分出水层，有机层用温热的等体积饱和食盐水洗涤两次（至中性），彻底分去水层。有机层用无水硫酸钠干燥后，用水泵蒸去正丁醇，再用油泵减压蒸馏，收集 180～190℃/1.3kPa（10mmHg）的馏分，产量约 6～7g。纯邻苯二甲酸二丁酯的沸点为 340℃

【注意事项】

1. 开始加热时必须慢慢升温，待邻苯二甲酸酐固体消失后，方可提高升温速度，否则，邻苯二甲酸酐遇高温会升华附着在瓶壁上，造成原料损失而影响产率。若加热至 140℃后升温很慢，则可补加 1 滴浓硫酸加速反应。

2. 如果分水器中无水滴出现，则可判断反应结束。

3. 在 70℃以上时酯在碱液中易发生皂化反应，因此，洗涤时温度和碱液浓度不宜过高。

4. 有机层如未洗到中性，在蒸馏过程中产物将会分解，在冷凝管口可观察到针状的邻苯二甲酸酐结晶。

5. 邻苯二甲酸二丁酯的沸点与压力之间的关系见表 3.2。

表 3.2　邻苯二甲酸二丁酯的沸点与压力之间的关系

压力/mmHg	760	20	10	5	2
沸点/℃	340	200～210	180～190	175～180	165～170

【思考题】

反应温度为什么不宜过高？

实验 3-21　乙酰乙酸乙酯的制备

【实验目的】

1. 了解 Claisen 酯缩合的原理和方法。
2. 初步掌握减压蒸馏的操作技术。
3. 掌握钠制备钠砂的方法。

【实验原理】

含 α-活泼氢的酯在碱性催化剂存在下，能与另一分子酯发生 Claisen 酯缩合反应，生成 β-羰基酸酯。乙酰乙酸乙酯就是由乙酸乙酯在乙醇钠作用下缩合制得的。相应反应式如下：

$$CH_2CO_2C_2H_5 + {}^-OC_2H_5 \rightleftharpoons {}^-CH_2CO_2C_2H_5 + C_2H_5OH$$
$$|$$
$$H$$

$$CH_3COC_2H_5 + {}^-CH_2CO_2C_2H_5 \rightleftharpoons H_3C-\overset{O^-}{\underset{|}{C}}-CH_2CO_2C_2H_5 \rightleftharpoons$$
$${\underset{OC_2H_5}{}}$$

$$H_3C-\overset{O}{\overset{\|}{C}}-CH_2CO_2C_2H_5 + {}^-OC_2H_5 \longrightarrow$$

$$\left[H_3C-\overset{O}{\overset{\|}{C}}-\bar{C}HCO_2C_2H_5 \rightleftharpoons H_3C-\overset{O^-}{\overset{\|}{C}}=CHCO_2C_2H_5 \right] + C_2H_5OH$$

$$Na^+[CH_3COCHCOOC_2H_5]^- + CH_3COOH \longrightarrow CH_3COCH_2COOC_2H_5 + CH_3COONa$$

【实验装置】

制备乙酰乙酸乙酯的实验装置见图 3.13。

【仪器与试剂】

仪器：圆底烧瓶、球形冷凝管、干燥管、蒸馏装置、减压蒸馏装置。

试剂：乙酸乙酯、金属钠、二甲苯、无水硫酸钠、醋酸、饱和氯化钠溶液。

【实验步骤】

（1）乙酰乙酸乙酯的合成

实验装置如图 3.13 所示，在干燥的 100mL 圆底烧瓶中加入 2.5g 金属钠和 12.5mL 干燥的二甲苯，装上冷凝管，在石棉网上小心加热使钠熔融后，立即拆去冷凝管，用橡胶塞塞紧圆底烧瓶，厚棉布包住后用力摇动，得到砂状钠珠，然后将二甲苯滗出后迅速将 27.5mL 乙酸乙酯加入圆底烧瓶中，装上带有干燥管的球形冷凝管。小心用小火加热，保持溶液微沸状态，约 1.5h 后钠反应完全。待反应液稍冷后，慢慢加入 50%的醋酸溶液，直至反应液呈弱酸性为止，约需 15mL。此时所有的固体物质溶解。

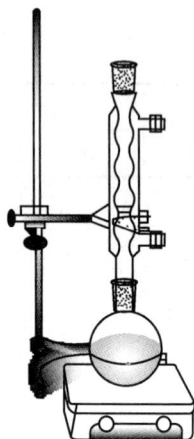

图 3.13　回流反应装置

（2）乙酰乙酸乙酯的分离

将反应液转入分液漏斗，加入等体积的饱和氯化钠溶液，用力振摇后，静置，分出有机层，用无水硫酸钠干燥。将干燥好的溶液滤入蒸馏装置的圆底烧瓶中，用少量乙酸乙酯洗涤干燥剂。在沸水浴上蒸去乙酸乙酯后，将装置改为减压蒸馏装置（图 3.15），缓慢加热蒸出低沸点化合物，再升高温度，收集 80～84℃/2.66kPa（20mmHg）的馏分，产量约 6g。

【注意事项】

1. 所用试剂及仪器必须干燥。

2. 乙酸乙酯应是干燥过的。金属钠遇水会立即燃烧、爆炸，在称量过程中应迅速并十分小心。

3. 用醋酸中和时开始会有固体出现，随着酸的加入及振摇，固体会逐渐溶解，最后为澄清液体。如有少量固体未溶解，可以加入少量水使其溶解，应避免加入过量醋酸，否则会增加乙酰乙酸乙酯在水中的溶解度而使产量降低。

4. 乙酰乙酸乙酯的沸点与压力的关系见表 3.3。

表 3.3　乙酰乙酸乙酯的沸点与压力的关系

压力/mmHg	760	80	60	40	30	20	18	14	12
沸点/℃	181	100	97	92	88	82	78	74	71

【思考题】

1. Claisen 酯缩合反应的催化剂是什么？本实验中的催化剂是什么？

2. 为什么使用二甲苯作为溶剂，而不用苯或甲苯？

3. 为什么用醋酸酸化，而不用稀盐酸或稀硫酸酸化？为什么要调到弱酸性，而不是中性？

实验 3-22　乙酸正丁酯的制备

【实验目的】
1. 学习酯类化合物的制备原理和方法。
2. 掌握带分水器的回流冷凝装置的实验技能。

【实验原理】
乙酸正丁酯是一种重要的有机溶剂。它可作为清漆的稀释剂，火棉胶、硝酸纤维素和人造革涂料的溶剂，也可作为一些药物生产的溶剂，红霉素的生产就是用乙酸正丁酯作溶剂。

本实验由乙酸和正丁醇在浓硫酸的催化作用下发生酯化反应而制得。

主反应：

$$CH_3COOH + CH_3CH_2CH_2CH_2OH \xrightleftharpoons{H^+,\ 回流} CH_3COOCH_2CH_2CH_2CH_3 + H_2O$$

由于反应为可逆反应，为了提高酯的产率，需将反应生成的水及时从反应体系中除去。

副反应：

$$CH_3CH_2CH_2CH_2OH \xrightleftharpoons{H^+,\ 回流} CH_3CH_2CH_2CH_2OCH_2CH_2CH_2CH_3 + CH_3CH_2CH=CH_2$$

【实验装置】
制备乙酸正丁酯的实验装置参见图3.8。

【仪器与试剂】
仪器：三口烧瓶、球形冷凝管、分水器、分液漏斗、蒸馏装置。

试剂：正丁醇、冰醋酸、硫酸氢钾、10%碳酸钠、无水硫酸镁。

【实验步骤】
（1）乙酸正丁酯的制备

在 100mL 圆底烧瓶[图3.8（a）]中，加入 23mL 正丁醇、16.5mL 冰醋酸和 1g 硫酸氢钾，混合均匀。接上球形冷凝管和分水器，并在分水器中预先加入水至稍低于支管口（约 2.6mL），回流至不再有水生成，大约 40min。

（2）乙酸正丁酯的分离

将反应液分别用 10mL 水、10mL10%碳酸钠溶液（洗至中性）、10mL 水洗涤后，用无水硫酸镁干燥。将干燥好的乙酸正丁酯滤入 50mL 圆底烧瓶中，蒸馏[图3.8（b）]收集 124～126℃的馏分，产量为 3～4g。

【注意事项】
1. 冰醋酸在低温时凝结成固体（熔点为 16.6℃），取用时可用温水浴加热使其液化后量取，并注意不要触及皮肤，防止烫伤。

2. 根据分出的总水量，可以粗略地估计酯化反应完成的程度。

3. 本实验利用恒沸混合物除去酯化反应生成的水。正丁醇、乙酸正丁酯和水形成的恒沸混合物见表 3.4。

表 3.4　恒沸混合物

恒沸混合物		沸点/℃	组成的质量分数/%		
			乙酸正丁酯	正丁醇	水
二元	乙酸正丁酯-水	90.7	72.9		27.1
	正丁醇-水	93		55.5	44.5
	乙酸正丁酯-正丁醇	117.6	32.8	67.2	
三元	乙酸正丁酯-正丁醇-水	90.7	63	8	29

含水的恒沸混合物冷凝为液体时，分为两层，上层为含少量水的酯和醇，下层主要是水。

【思考题】

1. 酯化反应有哪些特点？本实验中如何提高产品收率？

2. 在提纯粗产品的过程中，用碳酸钠溶液洗涤主要除去哪些杂质？如改用氢氧化钠溶液是否可行？为什么？

实验 3-23　对硝基苯甲酸的制备

【实验目的】

1. 掌握利用对硝基甲苯制备对硝基苯甲酸的原理及方法。

2. 掌握电动搅拌装置的安装及使用。

3. 练习并掌握固态酸性产品的纯化方法。

【实验原理】

本实验以对硝基甲苯为原料，以重铬酸钠-硫酸为氧化剂，加热回流，制备对硝基苯甲酸，反应方程式如下：

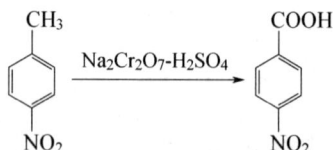

该反应为两相反应，要不断滴加浓硫酸，为了增加两相的接触面，尽可能使其迅速均匀地混合，避免因局部过浓、过热导致的副反应和有机物的分解，生成的粗产品为酸性固体物质，可通过加碱溶解再酸化的办法来纯化。纯化的产品用蒸汽浴干燥。

【仪器与试剂】

仪器：三口烧瓶、滴液漏斗、抽滤装置、球形冷凝管等。

试剂：对硝基甲苯、重铬酸钠、浓硫酸、5%硫酸、5%NaOH 溶液、活性炭、15%硫酸。

【实验步骤】

在带有球形冷凝管的 100mL 三口烧瓶中在搅拌下依次加入 6g 对硝基甲苯、18g 重铬酸钠粉末及 40mL 水。自滴液漏斗滴入 25mL 浓硫酸。浓硫酸滴完后，加热回流 0.5h，反应液呈黑色（过程中，冷凝管中可能会有白色的对硝基甲苯析出，可适当关小冷凝水，使其熔融滴下）。待反应物冷却后，搅拌下加入 40mL 冰水，有沉淀析出，抽滤并用 50mL 水分两次洗涤。将洗涤后的对硝基苯甲酸的黑色固体放入 30mL 5%硫酸中，沸水浴上加热 10min，冷却后抽滤。

将抽滤后的固体溶于 50mL 5%NaOH 溶液中，50℃温热后抽滤，在滤液中加入 1g 活性炭，煮沸趁热抽滤。充分搅拌下将抽滤得到的滤液慢慢加入盛有 60mL 15%硫酸溶液的烧杯中析出黄色沉淀，抽滤，用少量冷水洗涤两次，干燥后称重。

【注意事项】

1. 安装仪器前，要先检查电动搅拌装置转动是否正常，搅拌棒要垂直安装，安装好仪器后，再检查转动是否正常。

2. 从滴加浓硫酸开始，整个反应过程中，一直保持搅拌。

3. 滴加浓硫酸时，只搅拌，不加热；加浓硫酸的速度不能太快，否则会引起剧烈反应。

4. 转入到 40mL 冰水中后，可用少量（约 10mL）冷水洗涤烧瓶。

5. 碱溶时，可适当温热，但温度不能超过 50℃，以防未反应的对硝基甲苯熔化，进入溶液。

6. 酸化时，将滤液倒入酸中，不能反过来将酸倒入滤液中。

7. 纯化后的产品，用蒸汽浴干燥。

【思考题】

1. 本实验为芳烃侧链的氧化反应。芳烃侧链的氧化方法有哪些？氧化的规律有哪些？试写出下列化合物氧化的产物：（1）对甲基异丙苯；（2）邻氯甲苯；（3）萘；（4）对叔丁基甲苯；（5）苯。

2. 本实验为非均相反应，提高非均相反应的措施除了电动搅拌外，还有哪些措施？

实验 3-24　烟酸的制备

【实验目的】

1. 了解烟酸的合成路线、性质与用途。

2. 掌握高锰酸钾氧化法对芳烃的氧化原理及实验方法。

3. 熟悉两性有机化合物的分离纯化技术。

【实验原理】

烟酸即 3-吡啶甲酸，又名尼可丁酸，是结构最简单、理化性质最稳定的一种维生素，是人体和动物中不可缺少的营养成分，它参与组织的氧化还原过程，具有促进细胞新陈代谢和扩张血管的功能，能促进人体和动物的生长发育。

烟酸可以由喹啉经氧化、脱羧合成，但合成路线长，且使用的试剂为腐蚀性强酸。因此本实验采用常压试剂氧化法，以3-甲基吡啶为原料，经高锰酸钾氧化，制备烟酸。反应方程式如下：

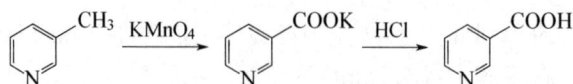

【仪器与试剂】

仪器：电热套、温度计、电动搅拌器、三口烧瓶、圆底烧瓶、回流冷凝管、接引管、布氏漏斗、抽滤瓶等。

试剂：3-甲基吡啶、浓盐酸、高锰酸钾、活性炭。

【实验步骤】

在配有球形冷凝管、温度计和搅拌子的三口烧瓶中，加入3-甲基吡啶5g、蒸馏水200mL，水浴加热至85℃。在搅拌下，分批加入高锰酸钾21g，控制反应温度在85～90℃，加毕，继续搅拌反应1h。停止反应，改成常压蒸馏装置，蒸出水及未反应的3-甲基吡啶，至流出液不浑浊为止，约蒸出130mL水，停止蒸馏，趁热过滤，用12mL沸水分三次洗涤滤饼（二氧化锰），弃去滤饼，合并滤液与洗液，得烟酸钾水溶液。将烟酸钾水溶液移至500mL烧杯中，用滴管滴加浓盐酸调pH值至3～4（烟酸的等电点约3.4，注意：用精密pH试纸检测），冷却析晶，过滤，抽干，得烟酸粗品。

将粗品移至250mL圆底烧瓶中，加粗品5倍量的蒸馏水，水浴加热，轻轻振摇使其溶解，稍冷，加活性炭适量，加热至沸腾，脱色10min，趁热过滤，慢慢冷却析晶，过滤，滤饼用少量冷水洗涤，抽干，干燥，得无色针状结晶，即烟酸纯品，沸点为236～239℃。

【注意事项】

1. 慢慢冷却结晶，有利于减少氯化钾在产物中的夹杂量。
2. 氧化反应若完全，二氧化锰沉淀滤去后，反应液不再显紫红色。如果显紫红色，可加少量乙醇，温热片刻，紫色消失后，重新过滤。
3. 精制中加入活性炭的量可由粗品的颜色深浅来定，若颜色较深可多加一些。

【思考题】

1. 氧化反应若完全，反应液呈什么颜色？
2. 为什么加乙醇可以除去剩余的高锰酸钾？
3. 在产物处理过程后，为什么要将pH值调至烟酸的等电点？
4. 本实验在烟酸精制过程中为什么要强调缓慢冷却结晶处理？冷却速度过快会造成什么后果？
5. 如果在烟酸产物中尚含有少量氯化钾，如何除去？试拟定分离纯化方案。

3.7 硝基化合物

硝基化合物可看作是烃分子中的一个或多个氢原子被硝基取代后生成的衍生物，按烃基的不同可以分为脂肪族硝基化合物和芳香族硝基化合物。硝基化合物有毒，其蒸气能透过皮肤被机体吸收使人中毒。多硝基化合物有爆炸性。硝基化合物可用作医药、染料、香料、炸药等工业的化工原料及有机合成试剂。多硝基化合物性质不稳定，有强氧化性，可用作炸药，例如三硝基甲苯（TNT）和苦味酸等。液体的硝基化合物具有一定的化学稳定性，因此常用作一些有机反应的溶剂。

脂肪族硝基化合物为无色或略带黄色的液体，沸点较高。芳香族硝基化合物大多为黄色结晶固体，一硝基化合物为高沸点的液体除外。由于硝基是很强的吸电子基，硝基化合物的偶极矩大、极性大、分子间力大，其沸点比相应的卤代烃高。

（1）脂肪族硝基化合物的主要性质

① α-H 的酸性　由于硝基是强吸电子基，α-H 具有一定的酸性，脂肪族硝基化合物可溶于碱，与氢氧化钠作用生成盐。硝基化合物的酸式和硝基式之间的互变与羰基化合物的酮式和烯醇式互变异构现象相似，两者主要区别是酸式存在的时间较烯醇式要长。

② 与羰基化合物的反应　具有 α-H 的伯、仲硝基化合物在碱催化下能与某些羰基化合物发生缩合反应。

③ 和亚硝酸的反应　伯硝基烷烃与亚硝酸作用，得到蓝色的亚硝基化合物，在碱作用下转变成红色的硝肟酸盐溶液；仲硝基烷烃与亚硝酸作用得无色的亚硝基化合物，其碱性溶液呈蓝色。

（2）芳香族硝基化合物的化学性质　芳香族硝基化合物由于没有 α-H，它的性质与脂肪族硝基化合物的性质有许多不同之处。

① 还原反应　芳香族硝基化合物最重要的性质是还原反应，其易被还原，选用不同的还原剂，在不同的条件下，可将硝基苯还原成不同的产物。

② 芳环上的亲核取代反应　芳烃的特征反应是亲电取代反应，当芳环上的氢被硝基取代后，由于硝基是强吸电子基，苯环上的电子云密度降低，不利于亲电试剂的进攻；同时硝基对苯环上的其他取代基也产生极大的影响，邻位或对位被硝基取代的芳香族卤代物，容易发生亲核取代反应。

实验 3-25　硝基苯的制备

【实验目的】

1. 通过硝基苯的制备加深对芳烃亲电取代反应的理解。
2. 掌握液体干燥、减压蒸馏和机械搅拌的实验操作。

【实验原理】

硝化反应是制备芳香族硝基化合物的主要方法，也是重要的亲电取代反应之一。芳烃的硝化较容易进行，芳烃通常在浓硫酸存在下与浓硝酸作用，苯环上的氢原子被硝基取代，生成相应的硝基化合物。浓硫酸的作用是提供强酸性的介质，有利于硝酰阳离子（NO_2^+）的生成，它是真正的亲电试剂，硝化反应通常在较低的温度下进行，在较高的温度下硝酸的氧化作用往往导致原料的损失。相关反应式如下：

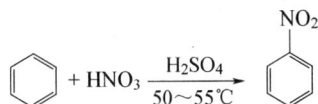

$$\text{\bigcirc} + HNO_3 \xrightarrow[50\sim55℃]{H_2SO_4} \text{\bigcirc}-NO_2$$

【仪器与试剂】

仪器：球形冷凝管、三口烧瓶、恒压滴液漏斗、机械搅拌器、Y 形管、温度计、分液漏斗、减压蒸馏装置、油浴。

试剂：苯、浓硝酸、浓硫酸、10%碳酸钠溶液、无水氯化钙等。

【实验步骤】

在 100mL 锥形瓶中倒入 14.6mL 浓硝酸，在冷水浴中慢慢滴加 20mL 浓硫酸，混匀。将 17.8mL 苯放入 250mL 三口烧瓶中，将 34.6mL 混酸放入恒压滴液漏斗中，冷凝管通水，开启机械搅拌器，缓慢滴入混酸，冷水浴使反应温度维持在 40~50℃。滴加完毕后，水浴加热，维持温度在 50~55℃并保持 50min。硝基苯为黄色油状物，如果回流液中黄色油状物消失，而转变成乳白色油珠，表示反应已完全。

反应结束后，转移液体至分液漏斗，将酸层与有机层（上层）分离，用等体积冷水洗涤粗产物 2 次，再用 10%碳酸钠溶液洗涤 2~3 次除去剩余酸（可用 pH 试纸检测），用等体积蒸馏水洗一次，然后加入无水氯化钙干燥产物。将粗产物转移至 50mL 烧瓶中，插入 250℃温度计及空气冷凝管进行蒸馏，收集 205~210℃馏分，至产物稍有剩余时停止蒸馏。称量，并计算硝基苯产率。

【注意事项】

1. 硝基化合物对人体的毒性较大，所以处理硝基化合物时要特别小心，如不慎触及皮肤，应立即用少量乙醇洗，再用肥皂和温水洗涤。

2. 洗涤硝基苯时，特别是 10%碳酸钠溶液不可过分用力振荡，否则使产品乳化难以分层，遇此情况，可加入固体 NaOH 或 NaCl 饱和溶液后滴加数滴酒精静置片刻即可分层。

3. 因残留在烧瓶中的硝基苯在高温时易发生剧烈分解，故蒸馏产品时不可蒸干或温度不可超过 114℃。

4. 硝化反应是一个放热反应，温度不可超过 55℃。

【思考题】

1. 本实验为什么要控制反应温度在 50~55℃之间？温度过低和过高各有什么影响？

2. 粗产物依次用水、碱液、水洗涤的目的何在？

实验 3-26 邻硝基苯酚和对硝基苯酚的制备

【实验目的】

1. 掌握酚类物质硝化原理和方法。
2. 掌握水蒸气蒸馏的实验操作。

【实验原理】

芳香族硝基化合物一般是由芳香族化合物直接硝化制得的。根据被硝化物的活性，可以利用稀硝酸、浓硝酸和浓硫酸的混合酸来进行硝化。例如：

芳香族化合物的硝化反应和卤代反应一样，是一个亲电取代反应，以苯的硝化为例，它是按下面的历程进行的：

$$HNO_3 + 2H_2SO_4 \rightleftharpoons NO_2^+ + H_3O^+ + 2HSO_4^-$$

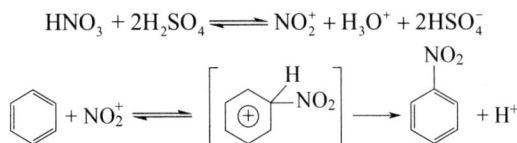

混合酸中浓硫酸的作用主要是促进硝基正离子的生成，因而提高了反应速率。

硝化反应的速率和其他的芳香族化合物亲电取代反应一样，要受芳环上已有取代基的影响，芳环上如已有了一个第二类取代基（间位定位基），硝化反应便难以进行，因此苯环上的硝化反应可以控制在一元硝化阶段。如果要在苯环上引入第二个硝基，就需要更为强烈的反应条件。例如用硝基苯制备间二硝基苯时，通常使用发烟硝酸和浓硫酸的混合酸作为硝化剂，反应温度也要高一些。相关反应式如下：

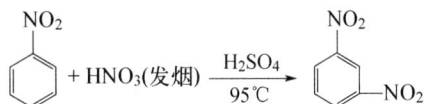

相反芳环上如已有一个第一类取代基（邻对位定位基），硝化反应容易进行。例如苯酚的硝化比苯容易得多，只需要用稀硝酸，在室温下就可顺利地进行。相关反应式如下：

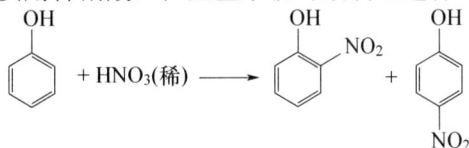

苯酚硝化后得到的产物是邻硝基苯酚和对硝基苯酚的混合物。由于邻硝基苯酚通过分子内的氢键能形成螯合环而沸点较对位的低，同时在沸水中的溶解度较对位的小得多，易随水蒸气挥发，因此可用水蒸气蒸馏来将这两个异构体分开。

副反应：

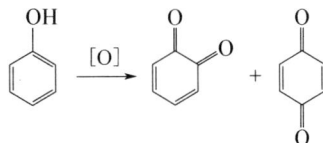

【仪器与试剂】

仪器：250mL 三口烧瓶、滴液漏斗、直形冷凝管、蒸馏头、热水漏斗、减压抽滤装置、烧杯、锥形瓶等。

试剂：苯酚、浓硫酸、硝酸钠、浓盐酸等。

【实验步骤】

在 250mL 三口烧瓶中加入 60mL 水，慢慢加入 21mL 浓硫酸（38g，0.34mol）及 23g 硝酸钠（约 0.27mol）并加入 4mL 水，温热搅拌至溶，冷却后倒入滴液漏斗中。在振摇下自滴液漏斗往反应瓶中逐滴加入苯酚水溶液，保持反应温度在 15～20℃。滴加完毕，放置半小时，并时时加以振摇，使反应完全，得到黑色焦油状物质。用冰水冷却，使油状物冷凝成固体。小心倾去酸液，再用水以倾析法洗涤数次，尽量洗去剩余的酸，然后进行水蒸气蒸馏，直到馏出液无黄色油滴为止。馏出液冷却后，粗邻硝基苯酚迅速冷凝成黄色固体，抽滤收集，干燥、称重并测其熔点，再用乙醇-水混合溶剂重结晶，可得亮黄色针状晶体。产量：4~4.5g（产率为19%~22%）。

在水蒸气蒸馏后的残液中，加水至总体积约为150mL，再加入10mL浓盐酸和1g活性炭，加热煮沸10min，趁热过滤。滤液再用活性炭脱色一次。将两次脱色后的溶液加热，用滴管将它分批滴入浸在冰水浴内的另一烧杯中，边滴加边搅拌，粗对硝基苯酚立即析出。抽滤收集，干燥后约5~6g，用2%稀盐酸重结晶。产量：3.5~4g（产率为17%~19%）。

【注意事项】

1. 硝化试剂除用硝酸钠（钾）与硫酸的混合物外，也可用稀硝酸（相对密度为1.11，84mL）。前者可减少苯酚被氧化的可能性，增加收率。

2. 苯酚室温时为固体（熔点为41℃），可用温水浴温热熔化，加水可降低酚的熔点，使其呈液态，有利于反应的进行。苯酚对皮肤有较大的腐蚀性，如不慎弄到皮肤上，应立即用肥皂和水冲洗，最后用少许乙醇擦洗至不再有苯酚味。

3. 由于酚与酸不互溶，故须不断振荡使其充分接触，使反应完全，同时可防止局部过热现象。反应温度超过20℃时，硝基苯酚可继续硝化或被氧化，使产量降低。若温度较低，则对硝基苯酚所占比例有所增加。

4. 最好将反应瓶放入冰水浴中冷却，则油状物冷凝成黑色固体，并有黄色针状晶体析出，这样洗涤较方便。若有残余液存在时，则在水蒸气蒸馏过程中，温度升高，而使硝基苯酚进一步硝化或被氧化。

5. 水蒸气蒸馏时，往往由于邻硝基苯酚的晶体析出而堵塞冷凝管。此时必须调节冷凝水，让热的蒸汽通过使其熔化，然后慢慢开大水流，以免热的蒸汽使邻硝基苯酚伴随蒸出。

6. 先将粗邻硝基苯酚溶于热的乙醇（40~45℃）中，过滤后，滴入温水至出现浑浊。然后在温水浴（40~45℃）中温热或滴入少量乙醇至清，冷却后即析出亮黄色针状的邻硝基苯酚晶体。

【思考题】

1. 本实验可能有哪些副反应？如何减少这些副反应的发生？

2. 为什么邻硝基苯酚和对硝基苯酚可采用水蒸气蒸馏来加以分离？

3. 在重结晶邻硝基苯酚时，为什么在加入乙醇温热后易出现油状物？如何让它消失？后来在滴加水时，也会析出油状物，应该如何避免？

4. 比较苯、硝基苯、苯酚硝化的难易程度并解释原因。

实验 3-27　2-硝基-1,3-苯二酚的制备

【实验目的】

1. 熟悉芳环上亲电取代反应定位规律。

2. 掌握磺化、硝化的原理和实验方法。

3. 在了解水蒸气蒸馏原理的基础上，掌握水蒸气蒸馏装置的安装与操作。

【实验原理】

2-硝基-1,3-苯二酚不能由间苯二酚直接硝化来制备，应将间苯二酚先磺化，生成 4,6-二羟基-1,3-苯二磺酸。酚羟基为强的邻对位定位基，磺酸基为强的间定位基，4,6-二羟基-1,3-苯二磺酸再硝化，受定位规律的支配，硝基只能进入 2 位，将硝化后的产物水解脱掉磺酸基，即可得到产物，反应中磺酸基同时起了占位和定位的双重作用。2-硝基-1,3-苯二酚的制备是一个巧妙地利用定位规律的例子。反应式如下：

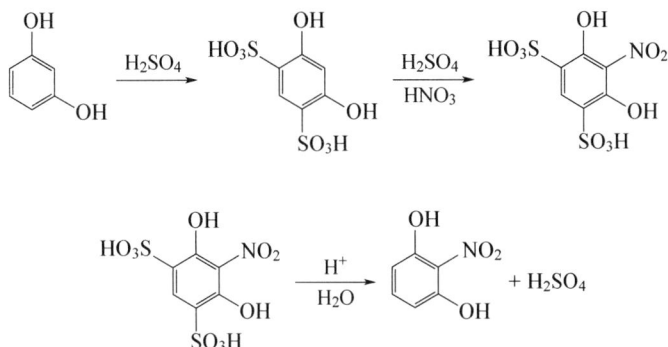

【仪器与试剂】

仪器：球形冷凝管、三口烧瓶、恒压滴液漏斗、机械搅拌器等。

试剂：间苯二酚、浓硫酸、硝酸、尿素、乙醇等。

【实验步骤】

将 2.8g（0.025mol）粉状间苯二酚加入 100mL 烧杯中，在充分搅拌下小心地加入 13mL（0.24mol，98%）浓硫酸，在 60～65℃反应 15min，用冰水浴冷却到室温，用滴管滴加 2.8mL（0.052mol，98%）浓硫酸和 2mL（0.032mol，65%～68%）硝酸配成冷却好的混酸。边滴加混酸边搅拌，控制温度于（30±5）℃，在此温度下继续搅拌 15min。反应物转入圆底烧瓶，小心加入 7mL 的水稀释，控制反应温度在 50℃以下，再加入约 0.1g 尿素，然后进行水蒸气蒸馏，在冷凝管壁上和馏出液中立即有橘红色固体出现。当无油状物蒸出时，即可停止蒸馏。馏出液经水浴冷却后，过滤得粗产品。用少量乙醇-水（约需 5mL50%乙醇）混合溶剂重结晶，得到 0.5g 橘红色晶体。观察外观，称重，计算产率。

【注意事项】

1. 本实验一定注意先磺化，后硝化，否则会剧烈反应，甚至发生事故。

2. 间苯二酚需在研钵中研成粉状，否则磺化不完全。间苯二酚有腐蚀性，注意勿接触皮肤。

3. 硝化反应比较快，因此硝化前，磺化混合物要先在冰水浴中冷却，混酸也要冷却，最好冷却至 10℃以下；硝化也要在冷却下进行，边搅拌，边慢慢滴加混酸，否则，反应物易被氧化而变成灰色或黑色。

4. 稀释水不可过量，否则将导致长时间的水蒸气蒸馏而得不到产品。如发现上述情况，可将水蒸气蒸馏装置改为普通蒸馏装置，先蒸去一部分水，当冷凝管壁上出现红色油状物时，再改为水蒸气蒸馏。水蒸气蒸馏时，冷凝水要控制得很小，一滴一滴地滴，否则产物凝结于冷凝管壁的上端，会造成堵塞。

5. 加入尿素的目的是多余的硝酸与尿素反应而生成 $CO(NH_2)_2 \cdot HNO_3$，从而减少 NO_2 气体的污染。

6. 晶体用 10mL 50%的乙醇水溶液（5mL 水+5mL 乙醇）洗涤，不要太多，否则损失产品。

【思考题】

1. 该实验能否采用直接硝化法一步合成？为什么？
2. 硝化反应为什么要控制在(30±5)℃进行？温度偏高或偏低有什么不好？
3. 进行水蒸气蒸馏前为什么要先用冰水稀释？

3.8　胺

胺可以看作是氨分子中的 H 被烃基取代的衍生物。胺类广泛存在于生物界，具有极重要的生理活性和生物活性，如蛋白质、核酸、许多激素、抗生素和生物碱等都是胺的复杂衍生物，临床上使用的大多数药物也是胺或者胺的衍生物。根据胺分子中氢原子被取代的数目，可将胺分成伯胺、仲胺、叔胺、季铵。胺在自然界中分布很广，其中大多数是由氨基酸脱羧生成的。例如：工业上制备胺类的方法多是氨与醇或卤代烷反应，产物为各级胺的混合物，分馏后得到纯品。醛、酮在氨存在下催化还原也可得到相应的胺。工业上也常由硝基化合物、腈、酰胺或含氮杂环化合物催化还原制取胺类化合物。

酰胺是羧酸中的羟基被氨基取代而生成的化合物，也可看成是氨（或胺）的氢被酰基取代的衍生物，广泛存在于自然界。蛋白质是以酰胺键—CONH—（或称肽键）相连的天然高分子化合物。哺乳动物体内蛋白质代谢的最终产物尿素就是碳酸的二酰胺（H_2NCONH_2）。许多生物碱如秋水仙碱、常山碱、麦角碱等分子结构中都含有酰胺键。在构造上，酰胺可看作是羧酸分子中羧基中的羟基被氨基或烃氨基（—NHR 或—NR_2）取代而生成的化合物；也可看作是氨或胺分子中氮原子上的氢被酰基取代而生成的化合物。酰胺的命名是根据相应的酰基名称，并在后面加上"胺"或"某胺"，称为"某酰胺"或"某酰某胺"。例如：当酰胺中氮上连有烃基时，可将烃基的名称写在酰基名称的前面，并在烃基名称前加上 N-、N, N-，表示该烃基是与氮原子相连的。

磺酰胺又称二氨基硫酰、硫酰胺。在常温下能吸收干的氨气生成无色的氨络合物，在酸性、中性、碱性水溶液中性质稳定。通常由 SO_2Cl_2 与氨反应得到，是非常重要的化学药物、材料等的中间体。

四级铵盐又称季铵盐（quaternary-N），为铵离子中的四个氢原子都被烃基取代而生成的化合物，通式为 R_4NX，其中四个烃基 R 可以相同，也可以不同。X 多是卤素负离子(F^-、Cl^-、Br^-、I^-)，也可是酸根离子（如 HSO_4^-、$RCOO^-$ 等）。

【实验目的】

1. 掌握硝基被还原为氨基的基本原理。
2. 掌握铁粉还原法制备苯胺的实验步骤。
3. 掌握水蒸气蒸馏的基本操作。

【实验原理】

胺类化合物的制备主要有以下几种方法：①硝基化合物的还原；②卤代烃的氨解；③腈（RCN）、肟（RCH＝N—OH）、酰胺（RCONH$_2$）化合物的还原，均可以用催化氢化法或化学还原法（LiAlH$_4$）将其还原为胺；④羰基化合物的氨化还原法；⑤酰胺的霍夫曼（Hoffmann）降解反应，酰胺在次卤酸钠的作用下失去羰基，生成少一个碳原子的伯胺；⑥盖布瑞尔（Grabriel）合成法制备伯胺。

芳胺的制取不可能用任何方法将—NH$_2$导入芳环上，而是采用间接的方法。芳香族硝基化合物在酸性介质中被还原，可以得到相应的芳香族伯胺。常用的还原剂有铁-盐酸、铁-醋酸、锡-盐酸等。工业上用 Fe 粉和 HCl 还原硝基苯制备苯胺，由于使用大量的 Fe 粉会产生大量含苯胺的铁泥，造成环境污染，所以，逐渐改用催化加氢的方法，常用的催化剂如 Ni、Pt、Pd 等。实验室制备芳胺，铁粉还原法仍然是一个常用的方法。反应方程式为：

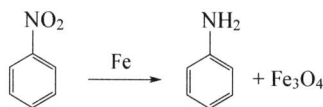

$$\text{NO}_2\text{C}_6\text{H}_5 \xrightarrow{\text{Fe}} \text{NH}_2\text{C}_6\text{H}_5 + \text{Fe}_3\text{O}_4$$

该反应是分步进行的，用铁来还原硝基苯，酸的用量很少，因为除了产生的新生态氢以外，主要由产生的亚铁盐来还原硝基。

【仪器与试剂】

仪器：250mL 三口烧瓶、球形和直形冷凝管、水蒸气发生装置、尾接管、接收瓶等。
试剂：硝基苯、铁粉、冰醋酸、氯化钠、乙醚、氢氧化钠。

【实验步骤】

将 9g（0.16mol）还原 Fe 粉、17mL 水、1mL 冰醋酸放入 250mL 三口烧瓶中，振荡混匀，装上球形冷凝管。小火微微加热煮沸 3～5min，冷凝后分几次加入 7mL 硝基苯，用力振荡，混匀。加热回流，在回流过程中，经常用力振荡反应混合物，以使反应完全。

将回流装置改为水蒸气蒸馏装置，进行水蒸气蒸馏直到馏出液澄清，再多收集 5～6mL 清液，分层，水层加入 13g NaCl（盐析，降低苯胺在水中的溶解度）后，每次用 7mL 乙醚萃取 3 次，萃取液和有机层用固体 NaOH 干燥，蒸去乙醚，残留物用空气冷凝管蒸馏，收集 180～184℃的馏分。

【注意事项】

1. 苯胺有毒，操作时应避免与皮肤接触或吸入毒气，若不慎触及皮肤时，先用大量水冲洗，再用肥皂水及温水洗涤。

2. 本实验是一个放热反应，当每次加入硝基苯时均有一阵猛烈的反应发生，故要审慎加入并及时振摇与搅拌。

3. 硝基苯为黄色油状物，如果回流液中黄色油状物消失，而转变成乳白色油珠，表示反应已完全。

4. 反应物内的硝基苯与盐酸互不相溶，而这两种液体与固体铁粉接触机会很少，因此充分振摇反应物，是使还原反应顺利进行的操作关键。

5. 反应完后，三口烧瓶上黏附的黑褐色物质，用 1∶1 盐酸水溶液温热除去。

【思考题】

1. 精制苯胺时，为何用粒状氢氧化钠作为干燥剂而不用硫酸镁或氯化钙？
2. 苯胺产量偏低的原因是什么？
3. 若最后制得的苯胺中含有硝基苯该怎样提纯？

实验 3-29 乙酰苯胺的制备

【实验目的】

1. 熟悉氨基酰化反应的原理及意义，掌握乙酰苯胺的制备方法。
2. 进一步掌握分馏装置的安装与操作。
3. 熟练掌握重结晶、趁热过滤和减压过滤等操作技术。

【实验原理】

乙酰苯胺为无色晶体，具有退热镇痛作用，是较早使用的解热镇痛药，因此俗称"退热冰"。乙酰苯胺也是磺胺类药物合成中重要的中间体。由于芳环上的氨基易被氧化，在有机合成中为了保护氨基，往往先将其乙酰化转化为乙酰苯胺，然后进行其他反应，最后水解除去乙酰基。

乙酰苯胺可由苯胺与乙酰化试剂如乙酰氯、乙酸酐或乙酸等直接作用来制备。反应活性的高低顺序是乙酰氯＞乙酸酐＞乙酸。由于乙酰氯和乙酸酐的价格较贵，本实验选用纯的乙酸（俗称冰醋酸）作为乙酰化试剂。反应式如下：

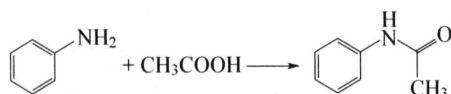

$$\text{NH}_2\text{—} + CH_3COOH \longrightarrow \text{—NH—}C(=O)CH_3$$

冰醋酸与苯胺的反应速率较慢，且反应是可逆的，为了提高乙酰苯胺的产率，一般采用冰醋酸过量的方法，同时利用分馏柱将反应中生成的水从平衡中移去。由于苯胺易被氧化，加入少量锌粉，防止苯胺在反应过程中被氧化。乙酰苯胺在水中的溶解度随温度的变化差异较大（20℃，0.46g；100℃，5.5g），因此生成的乙酰苯胺粗品可以用水重结晶进行纯化。

【仪器与试剂】

仪器：圆底烧瓶（100mL）、刺形分馏柱、直形冷凝管、接液管、量筒（10mL）、温度计（200℃）、烧杯（250mL）、抽滤瓶、布氏漏斗、小水泵、保温漏斗、电热套。

试剂：苯胺、冰醋酸、锌粉、活性炭。

【实验步骤】

（1）酰化

在 100mL 圆底烧瓶中，加入 5mL 新蒸馏的苯胺、8.5mL 冰醋酸和 0.1g 锌粉。立即装上分馏柱，在柱顶安装一支温度计，用小量筒收集蒸出的水和乙酸。用电热套缓慢加热至反应物沸腾。调节电压，当温度升至约 105℃时开始蒸馏。维持温度在 105℃左右约 30min，这时反应所生成的水基本被蒸出。当温度计的读数不断下降时，则反应到达终点，即可停止加热。

（2）结晶抽滤

在烧杯中加入 100mL 冷水，将反应液趁热以细流倒入水中，边倒边不断搅拌，此时有细粒状固体析出。冷却后抽滤，并用少量冷水洗涤固体，得到白色或带黄色的乙酰苯胺粗品。

（3）重结晶

将粗产品转移到烧杯中，加入 100mL 水，在搅拌下加热至沸腾。观察是否有未溶解的油状物，如有则补加水，直到油珠全溶。稍冷后，加入 0.5g 活性炭，并煮沸 10min。在保温漏斗中趁热过滤除去活性炭。滤液倒入热的烧杯中。然后自然冷却至室温，再用冰水冷却，待结晶完全析出后，进行抽滤。用少量冷水洗涤滤饼两次，压紧抽干。将结晶转移至表面皿中，自然晾干后称量，计算产率。

【注意事项】

1. 反应所用玻璃仪器必须干燥。

2. 锌粉的作用是防止苯胺被氧化，只要少量即可。加得过多，会产生不溶于水的氢氧化锌。

3. 反应时温度不能太高，以免大量乙酸蒸出而降低产率。

4. 重结晶过程中，晶体可能不析出，可用玻璃棒摩擦烧杯壁或加入晶种使晶体析出。

5. 冰醋酸具有强烈刺激性，需在通风橱内取用。

6. 切不可在沸腾的溶液中加入活性炭，以免引起暴沸。

7. 久置的苯胺因为被氧化而颜色较深，使用前要重新蒸馏。因为苯胺的沸点较高，蒸馏时选用空气冷凝管冷凝，或采用减压蒸馏。若让反应液冷却，则乙酰苯胺固体析出，沾在烧瓶壁上不易倒出。趁热过滤时，也可采用抽滤装置。但布氏漏斗和抽滤瓶一定要预热。滤纸大小要合适，抽滤过程要快，避免产品在布氏漏斗中结晶。

【思考题】

1. 用乙酸酰化制备乙酰苯胺的方法如何提高产率？

2. 反应温度为什么控制在 105℃左右？过高过低对实验有什么影响？

3. 根据反应式计算，理论上能产生多少毫升水？为什么实际收集的液体量多于理论量？

4. 反应终点时，温度计的温度为何下降？

实验 3-30 喹啉的制备

【实验目的】

1. 学习 Skraup 反应制备喹啉及其衍生物的原理及方法。

2. 正确掌握水蒸气蒸馏操作。

【实验原理】

　　喹啉为无色液体，是芳香类化合物。能与醇、醚及二硫化碳混溶，易溶于热水，难溶于冷水。具吸湿性，能从空气中吸收水分，至含水 22%，能随水蒸气挥发。喹啉可从煤焦油的洗油或萘油中提取。萘油馏分和洗油馏分用稀硫酸洗涤，得到硫酸喹啉盐基溶液，用蒸汽去除中性油等杂质，再用碱或氨分解。分离出来的粗喹啉及其同系物经脱水后，用高产蒸馏塔精馏，切取沸程为 237.5～239.5℃的馏分段，可以得到含喹啉 83%、异喹啉 15%的粗喹啉。将粗喹啉用 60%磷酸溶液处理，冷却后过滤，即得到喹啉磷酸盐结晶。用碱分解后，产品纯度为 90%～92%。重复用磷酸处理、重结晶，可得纯度为 98%～99%的喹啉。

　　合成喹啉最有代表性的方法是 Skraup 合成法：将苯胺、甘油、硫酸和氧化剂（如硝基苯）一起加热，经环化脱氢而生成喹啉。合成反应式如下：

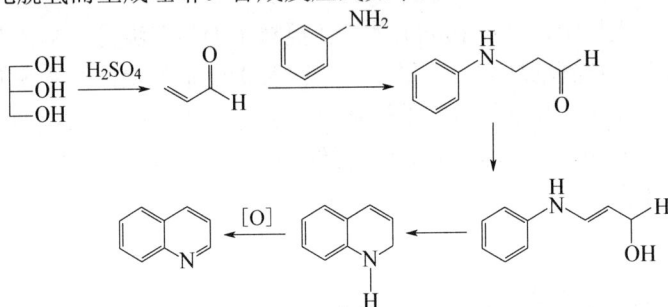

【仪器与试剂】

　　仪器：恒温磁力搅拌器、电加热套、安全管、三口烧瓶、水蒸气蒸馏装置、球形冷凝管。

　　试剂：苯胺、无水甘油、硝基苯、硫酸亚铁、浓硫酸、亚硝酸钠、淀粉-碘化钾试纸、固体氢氧化钠、乙醚、30%氢氧化钠溶液。

【实验步骤】

　　在 250mL 圆底烧瓶中，加入 19g 无水甘油，再依次加入 2g 研成粉末的硫酸亚铁、4.7mL 苯胺及 3.4mL 硝基苯，充分混合后在摇动下缓缓加入 9mL 浓硫酸。装上球形冷凝管，在石棉网上用小火加热。当溶液刚开始沸腾时，立即移去火源（如反应太剧烈，可用湿布敷在烧瓶上冷却），再用小火加热，保持反应回流 2h。待反应物稍冷后，向烧瓶中慢慢加入 30%氢氧化钠溶液，使混合液呈碱性。然后进行水蒸气蒸馏，蒸出喹啉和未反应的苯胺及硝基苯，直至馏出液不显浑浊为止（约需收集 50mL）。馏出液用浓硫酸酸化（约需 5mL），使其呈强酸性，用分液漏斗将不溶的黄色油状物分出。剩下的水溶液倒入烧杯，置于冰水浴中冷却至 5℃左右，慢慢加入 1.5g 亚硝酸钠和 5mL 水配成的溶液，直至取出的一滴反应液使淀粉-碘化钾试纸立即变蓝为止（由于重氮化反应在接近完成时，反应变得很慢，故应在加入亚硝酸钠 2～3min 后再检验是否有亚硝酸存在）。然后将混合物在沸水浴上加热 15min，至无气体放出为止。冷却后，向溶液中加入 30%氢氧化钠溶液，使其呈强碱性，再进行水蒸气蒸馏。从馏出液中分出水层，水层每次用 12mL 乙醚萃取两次。合并油层及醚萃取液，用固体氢氧化钠干燥后，进行常压蒸馏，收集馏出液（乙醚），再称量剩下的有机液（喹啉）。

【注意事项】

　　1. 所用甘油的含水量不应超过 0.5%。如果甘油中含水量较大，则喹啉的产量不好，可将普通甘油在通风橱内置于瓷蒸发皿中加热至180℃，然后冷却至100℃左右，放入盛有硫酸的干燥器中备用。

2. 试剂必须按所述次序加入，如果浓硫酸比硫酸亚铁早加，则反应往往剧烈，会使溶液冲出容器。

3. 每次酸化或碱化时，都必须将溶液稍加冷却，酸化或碱化至用试纸检验到明显的强碱或强酸性。

【思考题】

1. 本实验中，为了从喹啉中除去未作用的苯胺和硝基苯，采用了什么方法？试简述之。并用反应式表示加入亚硝酸钠后所发生的变化。

2. 在Skraup合成法中，用对甲基苯胺和邻甲基苯胺代替苯胺作原料，应得到什么产物？硝基化合物应如何选择？

实验 3-31　8-羟基喹啉的制备

【实验目的】

1. 掌握 8-羟基喹啉杂环化合物的合成原理及方法。
2. 巩固回流加热和水蒸气蒸馏等基本操作技能。

【实验原理】

以邻氨基苯酚、邻硝基苯酚、无水甘油和浓硫酸为原料合成 8-羟基喹啉。浓硫酸的作用是使甘油脱水形成丙烯醛，并使邻氨基苯酚和丙烯醛加成脱水成环。邻硝基苯酚为弱氧化剂，能将成环产物 8-羟基-1,2-二氢喹啉氧化成 8-羟基喹啉，邻硝基苯酚本身被还原成邻氨基苯酚，也可参与缩合反应。反应过程为：

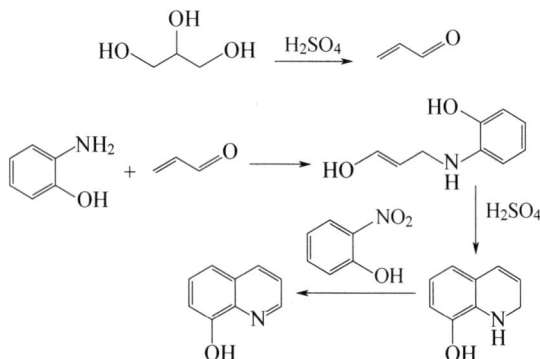

【仪器与试剂】

仪器：圆底烧瓶、回流冷凝管、水蒸气蒸馏装置、锥形瓶、滴管、烧杯、玻璃棒、试管、干燥管。

试剂：无水甘油、邻氨基苯酚、邻硝基苯酚、浓硫酸、乙醇、固体氢氧化钠、饱和碳酸钠溶液。

【实验步骤】

在圆底烧瓶中加入 19g 无水甘油（约 0.2mol），并加入 3.6g（0.026mol）邻硝基苯酚、5.5g（0.05mol）邻氨基苯酚，使其混合均匀。然后缓慢加入 9mL 浓硫酸（约 16g）。装上回流冷凝管，在电热套中加热，当溶液微沸时，立即移去火源。反应大量放热，待作用缓和后，继续加热，保持反应物微沸 2h。稍冷后，进行水蒸气蒸馏，除去未作用的邻硝基苯酚。瓶内液体冷却后，加入 12g 氢氧化钠和 12mL 水配成的溶液。再小心滴入饱和碳酸钠溶液，使其呈中性，进行水蒸气蒸馏，蒸出 8-羟基喹啉（约收集馏出液 400mL）。馏出液充分冷却后，抽滤收集析出物，洗涤干燥后的粗产品约 6g。粗产品用乙醇-水混合溶剂重结晶，得 8-羟基喹啉 5g 左右（产率为 69%）。取上述 0.5g 产品进行升华操作，可得美丽的针状结晶，熔点为 76℃。

【注意事项】

1. 由于反应是放热反应，溶液微沸时，说明反应开始，不应再加热，防止冲料。

2. 第一次水蒸气蒸馏是除去未反应的原料，反应最好在搅拌下进行，由于反应物较稠，容易聚热，应经常振荡。

【思考题】

1. 在反应中如用对甲基苯胺作原料应得到什么产物？硝基化合物应如何选择？

2. 为什么第一次水蒸气蒸馏要在酸性条件下进行，第二次水蒸气蒸馏要在中性条件下进行？

实验 3-32　间硝基苯胺的制备

【实验目的】

1. 掌握硝基化合物的性质、反应与作用。

2. 掌握硝基化合物被还原为胺的机理。

3. 掌握还原多硝基化合物的方法。

【实验原理】

多硝基化合物在多硫化钠、硫氢化钠、硫氢化铵等硫化物还原剂的作用下，可以进行部分还原。本实验就是利用硫氢化钠作为还原剂将间二硝基苯部分还原得到间硝基苯胺。反应式如下：

$$Na_2S + NaHCO_3 \longrightarrow NaHS + Na_2CO_3$$

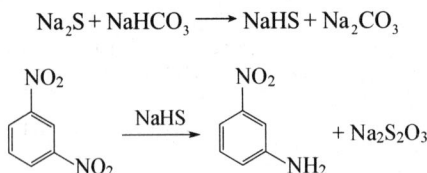

【仪器与试剂】

仪器：烧杯（125mL）、蒸馏装置、抽滤装置、烧瓶（100mL）、回流冷凝管。

试剂：结晶硫化钠、碳酸氢钠、甲醇、间二硝基苯。

【实验步骤】

在 125mL 烧杯中，将 6g（0.025mol）结晶硫化钠溶于 12.5mL 水中。在充分搅拌下，分批加入 2.1g（0.025mol）碳酸氢钠，搅拌至全溶。然后在搅拌下慢慢加入 15mL 甲醇，并将烧杯置于冰水浴中冷却至 20℃以下，立即有水合碳酸钠沉淀析出。静置 15min 后，抽滤，滤饼用 10mL 甲醇分三次洗涤，合并滤液和洗涤液备用。

在装有球形冷凝管的 100mL 烧瓶中，溶解 2.5g（0.015mol）间二硝基苯于 20mL 热甲醇溶液中。在振摇下，从冷凝管顶端加入上述制好的硫氢化钠溶液，水浴加热回流 20min。冷却至室温后，将反应液用沸水浴进行常压蒸馏，大部分甲醇被蒸出。残留液在搅拌下倾入 80mL 冷水中，立即析出黄色晶体间硝基苯胺。抽滤，用少量冷水洗涤结晶，干燥后得粗品约 1.5g。粗品用 75%乙醇水溶液重结晶，用少量活性炭脱色，得黄色针状结晶约 1g。

【注意事项】

1. 硫氢化钠因溶于甲醇水溶液而留在滤液中。
2. 纯间硝基苯胺的熔点为 114℃。

【思考题】

1. 反应结束后，为什么要蒸出大部分甲醇？
2. 如何由间硝基苯胺合成间硝基苯酚、间氟苯胺等化合物？

3.9　染料与偶氮化合物

偶氮化合物（AZO），是偶氮基—N＝N—与两个烃基相连而生成的化合物，通式为 R—N＝N—R′。偶氮化合物具有顺、反几何异构体，且反式比顺式稳定，两种异构体在光照或加热条件下可相互转换。偶氮化合物主要通过重氮盐的偶联反应制得，例如：氢化偶氮化合物和芳香胺在氧化剂，如 $NaBrO$、$CuCl_2$、MnO_2 和 $Pb(OAc)_4$ 等存在下，可被氧化为相应的偶氮化合物；氧化偶氮化合物和硝基化合物在还原剂，如$(C_6H_5)_3P$、$LiAlH_4$ 等存在下，也可被还原为偶氮化合物。

偶氮化合物比较典型的反应有：重氮化反应，芳香族伯胺在低温下与亚硝酸钠的强酸溶液作用，生成重氮盐。由于重氮盐很活泼，能够发生许多化学反应，一般可以分为两类：失去氮的反应和保留氮的反应。

偶氮化合物可用作染料，环保型不溶性偶氮颜料作为偶氮颜料的一种，被广泛地应用于油墨、涂料、橡胶、印花涂料色浆中。还可以用作烯烃自由基聚合反应的引发剂，如偶氮二异丁腈。

> **实验 3-33　偶氮苯的制备**

【实验目的】

1. 了解偶氮苯的制备及光学异构的原理。

2. 掌握薄层色谱分离异构体的方法。

【实验原理】

制备偶氮苯最简便的方法是用镁粉还原溶解于甲醇中的硝基苯。合成偶氮苯的反应式：

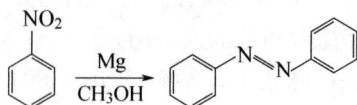

【仪器与试剂】

仪器：圆底烧瓶、温度计、球形冷凝管、烧杯、锥形瓶、试管、毛细管。

试剂：硝基苯、镁屑、无水甲醇、乙醇、冰醋酸、碘、苯、环己烷。

【实验步骤】

在干燥的 100mL 圆底烧瓶中，加入 1.9mL（0.018mol）硝基苯、46.5mL（1.1mol）甲醇和一小粒碘，装上球形冷凝管，振荡反应物。加入 1g 除去氧化膜的镁屑，反应立即开始，保持反应正常进行，注意反应不能太激烈，也绝不能停止反应。待大部分镁屑反应完全后，再加入 1g 镁屑，反应继续进行，反应液由淡黄色渐渐变成黄色，等镁屑完全反应后，加热回流30min 左右，溶液呈淡黄色透明状。趁热将反应液在搅拌下倒入 70mL 冰水中，用冰醋酸小心中和至 pH 为 4～5，析出橙红色固体，过滤，用少量水洗涤固体，固体用 50%乙醇重结晶，得到约 1g 产品。纯反式偶氮苯为橙红色片状晶体，熔点为 68.5℃。

取 0.1g 偶氮苯，溶于 5mL 左右的苯中，将溶液分成两等份，分别装入两个试管中，其中一个试管用黑纸包好放在阴暗处，另一个则放在阳光下照射。用毛细管各取上述两试管中的溶液分别点在薄层板上。用 1∶3 的苯-环己烷溶液作展开剂，在展开槽中展开，计算顺、反异构体的 R_f 值。

【注意事项】

1. 反应不能太激烈，也绝不能停止反应，必要时用水浴加热或冷却。
2. 加冰醋酸时，应在搅拌和冰水浴下缓慢加入，切忌快速倒入。
3. 冰醋酸的用量要略多一点，以有橙红色固体析出为宜。
4. 控制镁的用量，以免生成氢化偶氮苯。

【思考题】

1. 简述还原硝基苯制备偶氮苯的反应机理。
2. 粗制偶氮苯在提纯过程中有少量乙醇不溶物，它可能是什么杂质？是怎样产生的？
3. 简述薄层色谱的原理及在本实验中的应用。

实验 3-34　甲基红的制备

【实验目的】

1. 学习重氮盐的制备技术，体会重氮盐的控制条件。
2. 掌握重氮盐偶联反应，学习制备甲基红的实验方法。

3. 进一步练习抽滤、洗涤、重结晶等基本操作。

【实验原理】

偶氮染料迄今为止是普遍使用的染料之一，是指偶氮基连接两个芳环形成的一类化合物。甲基红的制备采用邻氨基苯甲酸盐酸盐与 $NaNO_2$ 重氮化，然后再与 N, N-二甲基苯胺偶联得到粗产品甲基红。粗产品经过重结晶得甲基红纯品。

制备甲基红的反应式如下：

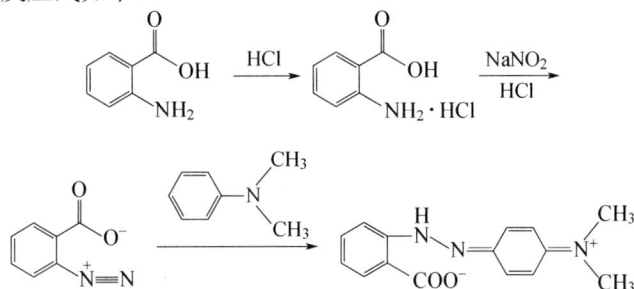

【仪器与试剂】

仪器：抽滤装置、玻璃棒、烧杯、锥形瓶、冰水浴等。

试剂：邻氨基苯甲酸、亚硝酸钠、N, N-二甲基苯胺、NaOH 溶液、1：1 盐酸、95%乙醇、甲苯、甲醇。

【实验步骤】

在 100mL 烧杯中，放入 3g 邻氨基苯甲酸及 12mL 1：1 的盐酸，加热使其溶解。冷却后析出白色针状邻氨基苯甲酸盐酸盐，抽滤，用少量冷水洗涤晶体，干燥后产量约 3.2g。在 100mL 锥形瓶中，将以上的邻氨基苯甲酸盐酸盐 1.7g 溶于 30mL 水中，在冰水浴中冷却至 5～10℃，倒入 0.7g 亚硝酸钠溶于 5mL 水的溶液，振摇后，将制成的重氮盐溶液置于冰水浴中备用。

另将 1.2g N, N-二甲基苯胺溶于 12mL 95%乙醇的溶液，倒至上述已制好的重氮盐溶液中，塞紧瓶口，自冰水浴中移出，用力振摇。放置一段时间后，析出甲基红红色沉淀，不久凝成一大块，极难过滤，可用水浴加热，再将其缓慢冷却。放置 2～3min 后，抽滤，得到红色无定形固体，以少量甲醇洗涤，干燥后，粗产物约 2g，用甲苯重结晶（每克产品需要 15～20mL），熔点为 181～182℃，产量约 1.5g。

取少量甲基红溶于水中，向其中加入几滴稀盐酸，接着用稀氢氧化钠溶液中和，观察颜色变化。纯甲基红的熔点为 183℃。

【注意事项】

1. 邻氨基苯甲酸盐酸盐在水中溶解度很大，只能用少量水洗涤。

2. 为了得到较好的结晶，将趁热过滤下来的甲苯溶液再加热回流，然后放入热水中令其缓缓冷却。抽滤收集后，可得到有光泽的片状结晶。

【思考题】

1. 什么叫偶联反应？试结合本实验讨论一下偶联反应的条件。

2. 试解释甲基红在酸碱介质中的变色原因，并用反应式表示。

【实验目的】

1. 通过甲基橙的制备学习重氮化反应和偶联反应的实验操作。
2. 巩固盐析和重结晶的原理和操作。

【实验原理】

对氨基苯磺酸与氢氧化钠作用生成易溶于水的盐，再与 $NaNO_2$ 重氮化，然后与 N, N-二甲基苯胺偶联得到粗产品甲基橙。粗产品经过精制得到甲基橙精制产品。

化学反应式：

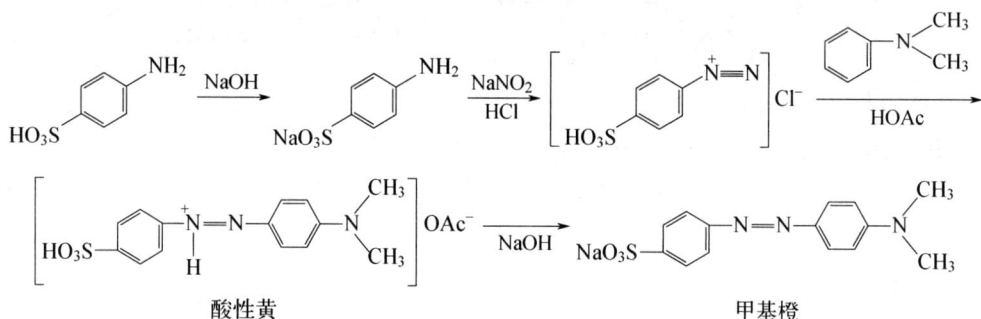

酸性黄　　　　　　　　　　　　　　　　甲基橙

【试剂及物理性质】

试剂：对氨基苯磺酸、5%氢氧化钠溶液、$NaNO_2$、浓盐酸、冰醋酸、N, N-二甲基苯胺、10%氢氧化钠溶液、饱和 NaCl 溶液、乙醇。

主要试剂及物理性质见表 3.5。

表 3.5　主要试剂及物理性质

物质名称	分子量	熔点/℃	沸点/℃	溶解性	性状
对氨基苯磺酸	173.19	288	—	溶于沸水，微溶于乙醚、乙醇和苯	白色粉末
N, N-二甲基苯胺	121.18	2.5	193	不溶于水，易溶于醇、醚、苯和酸溶液	淡黄色油状液体

试剂用量及规格见表 3.6。

表 3.6　试剂规格及用量

试剂	对氨基苯磺酸	$NaNO_2$	乙醇	冰醋酸	浓盐酸
用量	2.0g	0.8g	少量	1mL	2.5mL

【仪器装置】

烧杯、玻璃棒、电磁炉、水浴装置、抽滤瓶、布氏漏斗、试管、循环水真空泵、量筒。

【实验步骤】

（1）对氨基苯磺酸重氮盐的制备

① 在 100mL 烧杯中加入 10mL 5%氢氧化钠溶液及 2.0g 对氨基苯磺酸晶体，温热使其溶解。

② 冷却至室温，加 0.8g NaNO$_2$，在搅拌下将其溶解。同时将 13mL 冰水和 2.5mL 浓盐酸混合，分批滴入上述溶液中。

③ 用玻璃棒蘸取液体点在淀粉-碘化钾试纸上。

④ 保持温度在 5℃以下，待反应结束后，冰浴中放置 15min。

（2）偶联反应

① 在一支试管中加入 1.3mL *N*, *N*-二甲基苯胺和 1mL 冰醋酸，振荡混合。

② 在搅拌下，将此液慢慢加入上述冷却的重氮盐中，搅拌 10min。现象：此时颜色红得发黑了。

③ 冷却搅拌，慢慢加入 15mL 10%氢氧化钠溶液至溶液呈橙色。

④ 将反应物加热至沸腾，溶解后，稍冷，置于冰水浴中冷却，使甲基橙全部重新结晶析出后，抽滤收集结晶。现象：在滤纸上得到橙色的黏稠晶体。

⑤ 用饱和 NaCl 溶液冲洗烧杯两次，每次 10mL，并用此冲洗液洗涤产品。

（3）精制

① 将滤纸连同上面的晶体转移到装有 75mL 热水的烧杯中微热搅拌，全溶后，冷却至室温，冰水浴中冷却至甲基橙结晶全部析出，抽滤。

② 用少量乙醇洗涤产品。现象：得到橙色的结晶。

③ 将产品晾在空气中几分钟，称重，产品为 2.78g，计算产率。

（4）检验

溶解少许产品，加几滴稀 HCl，然后用稀 NaOH 中和，观察颜色变化。现象：滴入稀 HCl 后颜色由橙色变成红色，滴稀 NaOH 后颜色又变回橙色。

【注意事项】

① 对氨基苯磺酸是两性化合物，酸性比碱性强，以酸性内盐存在，所以它能与碱作用成盐而不能与酸作用成盐。

② 若试纸不显蓝色，尚需补充亚硝酸钠溶液。

③ 在冰水浴中放置 15min 时，往往析出对氨基苯磺酸的重氮盐。这是因为重氮盐在水中可以解离，形成中性内盐，在低温时难溶于水而形成细小晶体析出。

【思考题】

用淀粉碘化钾-试纸检验时，若试纸不变蓝色，是什么原因？若试纸变紫色，是什么原因？如何消除？

3.10 金属有机化合物

金属有机化合物是有碳-金属键的化合物，它们是介于有机化合物和无机化合物之间的化合物。我们已经熟悉一些金属有机化合物，如乙炔钠和格氏试剂。但是甲醇钠不是金属有机化合物，虽然它也含有金属和碳。金属有机化合物的性质与我们学习过的其他种类的有机化合物性质明显不同。尤其重要的是金属有机化合物是碳亲核试剂的重要来源，这使得金属有机化合物对有机合成有重要的价值。

主要金属有机化合物的反应如下：

（1）金属有机化合物作为布朗斯特（Brönsted）碱

RLi 和 RMgX 在适当的溶剂如 Et$_2$O 中合成时是很稳定的。它们是非常强的碱，能立即和质子供体反应，甚至和弱酸如水和醇都能立即反应。金属锂和金属镁化合物的 C—M 键呈现一定碳负离子的性质。碳负离子属于最强的碱。它们的共轭酸是碳氢化合物——很弱的酸。

（2）金属有机化合物作为亲核试剂

格氏试剂和金属锂试剂具有亲核性，它们进攻羰基形成了新的 C—C 键，所以格氏试剂的主要合成用途是用其与羰基化合物反应来合成醇。金属锂有机化合物与羰基的反应和格氏试剂相同。在它们与醛和酮反应时，RLi 比 RMgX 还要活泼些。叔醇也能用格氏试剂与酯反应合成，每摩尔酯需要两摩尔格氏试剂，一摩尔格氏试剂与酯反应生成酮。酮是不能分离出来的，它会很快和另外一摩尔格氏试剂反应，便会形成叔醇。

（3）有机铜试剂

最常使用的是烷基为伯烷基的金属铜有机化合物。立体位阻会使得含仲或叔烷基的金属铜有机化合物的稳定性降低，它们往往在与烷基卤化物反应之前就分解了。与有机铜试剂反应时，烷基卤化物的活性符合一般的 S$_N$2 规律：CH$_3$>1°>2°>3°，以及 I>Br>Cl>F。对甲基苯磺酸酯是很好的底物，比烷基卤化物活性大。烯卤和芳卤受亲核试剂进攻时活性不高，然而与二烷基铜锂反应时具有活性。

（4）有机金属铝

20 世纪 50 年代早期，齐格勒发现有铝化合物作催化剂时，在乙烯聚合反应中加入一些金属或它们的化合物会形成 8～18 个碳原子的乙烯聚合物，但是其他试剂会促进形成非常长碳链的聚乙烯。齐格勒合成聚乙烯路线非常重要，因为它只需要适度的温度和压力就能生成高密度的聚乙烯，这种高密度的聚乙烯性能优于自由引发聚合形成的低密度聚乙烯。

实验 3-36　正丁基溴化镁的制备

【实验目的】

1. 了解格氏试剂的制备方法。
2. 掌握无水无氧操作技术。

【实验原理】

利用格氏反应是合成各种结构复杂的醇的重要方法。卤代烷和卤代芳烃与金属镁在无水乙醚中反应生成烃基卤化镁，又称 Grignard 试剂。芳基和乙烯基氯化物，则需要用四氢呋喃作溶剂，才能发生反应。反应过程中，其原料中的碳原子由亲电中心变为产物中的亲核中心。反应方程式如下：

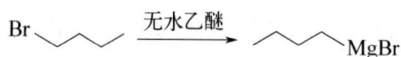

$$Br\diagup\!\!\!\diagdown\!\!\!\diagup \xrightarrow{\text{无水乙醚}} \diagup\!\!\!\diagdown\!\!\!\diagup MgBr$$

【仪器与试剂】

仪器：球形冷凝管、三口烧瓶、恒压滴液漏斗、机械搅拌器、Y 形管、温度计、分液漏斗、减压蒸馏装置、水浴加热装置、氯化钙干燥管。

试剂：镁屑、1-溴丁烷、丙酮、无水乙醚、硫酸、碳酸钠、无水碳酸钾、碘片。

【实验步骤】

在 100mL 三口烧瓶上分别装上搅拌器、冷凝管及滴液漏斗，在冷凝管及滴液漏斗的上口装上氯化钙干燥管。瓶内放置 1.5g 镁屑或除去氧化膜的镁条、10mL 无水乙醚及一小粒碘片。在滴液漏斗中混合 6.4mL1-溴丁烷和 15mL 无水乙醚。先向瓶内滴入约 3mL 混合液，数分钟后即见溶液呈微沸状态，碘的颜色消失。若不发生反应，可以用温水浴加热。反应开始比较剧烈，必要时可以用冰水浴冷却。待反应缓和后，自冷凝管上端加入 15mL 无水乙醚。慢慢开动搅拌器，并滴入其余的 1-溴丁烷-乙醚混合液。控制滴加速度维持反应液呈微沸状态。滴加完毕，再水浴回流 20min，使镁屑几乎作用完全。

【注意事项】

此操作无水无氧。

【思考题】

本实验在 Grignard 试剂加成物水解前的各步中，为什么使用的药品仪器均需绝对干燥？为此需采取什么措施？

3.11 天然产物的提取

天然产物是指动物、植物提取物或昆虫、海洋生物和微生物体内的组成成分或其代谢产物，人和动物体内许许多多内源性的化学成分也统称作天然产物，其中主要包括蛋白质、多肽、氨基酸、核酸、各种酶类、单糖、寡糖、多糖、糖蛋白、树脂、木质素、维生素、油脂、蜡、生物碱、挥发油、黄酮、糖苷类、萜类、苯丙素类、有机酸、酚类、醌类、内酯、甾体化合物、鞣酸类、抗生素类等天然存在的化学成分。

来源于植物界的有效成分主要有黄酮类、生物碱类、多糖类、挥发油类、醌类、萜类、木脂素类、香豆素类、皂苷类、强心苷类、酚酸类及氨基酸与酶等。现将主要成分简介如下：

黄酮类化合物（flavonoids），又称生物类黄酮（bioflavonoids），广泛分布于植物界中，是一大类重要的天然化合物。黄酮类化合物大多具有颜色，其不同的颜色为天然色素家族增添了更多的色彩。黄酮类化合物在植物体内大部分与糖结合成苷，小部分以游离形式存在。在高等植物体中常以游离态或与糖成苷的形式存在，在花、叶、果实等组织中多为苷类，而在木质部组织中则多为游离的苷元。黄酮类化合物是以色酮环与苯环为基本结构的一类化合物的总称，是多酚类化合物中最大的一个亚类。

生物碱类（alkaloids）大多存在于植物中，故又称为植物碱，是一类含氮的有机碱性化合物，有复杂的环状结构，氮素多包含在环内，分子中大多含有含氮杂环，如吡啶、吲哚、喹啉、嘌呤等，也有少数是胺类化合物。它们在植物中常与有机酸结合成盐而存在，还有少数以糖苷、有机酸酯和酰胺的形式存在。以未成盐碱（游离生物碱）形式存在的亲脂，以生物碱盐形式存在的亲水。能较好地溶解在氯仿、苯、乙醚、乙醇中，其显著的碱性决定了它可以与各种酸（无机酸、有机酸）成盐。按照生物碱的基本结构，已可分为 60 类左右。

多糖（polysaccharide）又称多聚糖（polysaccharides），由单糖通过苷键连接而成，是聚合度大于 10 的极性复杂大分子，基本结构单元是葡聚糖，其分子量一般为数万甚至达数百万。广泛分布于动物、植物及微生物中，作为来自高等动植物细胞膜和微生物细胞壁的天然高分子化合物，是构成生命活动的四大基本物质之一。目前已发现的活性多糖有几百种，按其来源不同，可分为真菌多糖、高等植物多糖、藻类地衣多糖、动物多糖、细菌多糖 5 大类。

挥发油（volatile oils）又称精油（essential oils），是一类在常温下能挥发的、可随水蒸气蒸馏的、与水不相溶的油状液体的总称。大多数挥发油具有芳香气味，在水中的溶解度很小，但能使水具有挥发油的特殊气味和生物活性，挥发油常存于植物组织表皮的腺毛、油室、油细胞或油管中，大多数呈油滴状存在。有时挥发油与树脂共存于树脂道内（如松茎），少数以苷的形式存在（如冬绿苷，其水解后的产物水杨酸甲酯为冬绿油的主成分）。

醌类化合物（quinonoids）是植物中一类具有醌式结构的有色物质，在植物界分布较广泛，高等植物中大约有 50 多个科 100 余个属的植物中含有醌类，集中分布于蓼科、茜草科、豆科、鼠李科、百合科、紫葳科等植物中。天然药物如大黄、虎杖、何首乌、决明子、丹参、番泻叶、芦荟、紫草中的有效成分都是醌类化合物。醌类化合物多数存在于植物的根、皮、叶及心材中，也存在于茎、种子和果实中。

萜类化合物（terpenoid）指具有$(C_5H_8)_n$通式的烃及其含氧和不同饱和程度的衍生物，可以看成是由异戊二烯或异戊烷以各种方式连接而成的一类天然化合物。在自然界中广泛存在，包括高等植物、真菌、微生物、昆虫以及海洋生物，均有萜类成分存在。

木脂素（lignan）又称木脂体，由两分子苯丙素衍生物（$C_3 \sim C_6$）聚合而成，单体主要是肉桂酸和苯甲酸及其羟甲基衍生物。是一类植物小分子量次生代谢物，在体内大多呈游离状态，也可与糖结合成苷存在于植物的树脂状物质中。

香豆素类化合物（coumarins）是邻羟基桂皮酸的内酯，具有芳香气味，广泛分布于高等植物中，尤其以芸香科和伞形科植物为多，少数发现于动物和微生物中。在植物体内，它们往往以游离状态或与糖结合成苷的形式存在。

皂苷（saponins）是广泛存在于植物界的一类特殊的苷类，它的水溶液振摇后可产生持久的肥皂样的泡沫，因而得名。是由甾体皂苷元或三萜皂苷元与糖或糖醛酸缩合而成的苷类化合物。广泛存在于植物界，在单子叶植物和双子叶植物中均有分布，尤以薯蓣科、玄参科、百合科、五加科、豆科、远志科、桔梗科、石竹科等植物中分布最普遍，含量也较高，例如薯蓣、人参、柴胡、甘草、知母、桔梗等都含有皂苷。此外在海洋生物如海参、海星和海洋动物中亦有发现。

强心苷类（cardiac glycosides）是指自然界存在的一类对心脏有显著生理活性的甾体苷类，可用于治疗充血性心力衰竭及节律障碍等心脏疾患，由强心苷元及糖缩合而成，其苷元是甾体衍生物，所连接的糖有多种类型。强心苷的基本结构是由甾醇母核和连在 C17 位上的不饱和共轭内酯环构成苷元部分，然后通过甾醇母核 C3 位上的羟基和糖缩合而成。根据苷元部分 C17 位上连接的不饱和内酯环的类型分为甲型和乙型两类。甲型是目前临床应用的强心苷，植物体中发现的绝大多数强心苷都属于这一类型，如洋地黄、毛花洋地黄、毒毛旋花、羊角拗、黄花夹竹桃、夹竹桃、福寿草、侧金盏花、北五加皮、铃兰、万年青等所含的强心苷。

【实验目的】

1. 了解从茶叶中提取咖啡因的原理和方法。
2. 初步掌握索氏提取器的安装与操作方法。
3. 初步掌握升华操作。

【实验原理】

茶叶中含有多种生物碱，其中以咖啡因（又称咖啡碱，1,3,7-三甲基黄嘌呤）为主，约占 1%～5%。另外还含有 11%～12% 的丹宁酸（又名鞣酸）。

咖啡因是弱碱性化合物，易溶于氯仿、水及乙醇等，微溶于苯；丹宁酸易溶于水和乙醇，但不溶于苯。含结晶水的咖啡因是无色针状结晶，味苦，能溶于水、乙醇、氯仿等。在 100℃ 即失去结晶水，并开始升华，120℃ 时升华相当显著，至 178℃ 时升华很快。无水咖啡因的熔点为 234.5℃。为了提取茶叶中的咖啡因往往利用适当的溶剂（氯仿、乙醇、苯等）在索氏提取器中连续抽提，然后蒸去溶剂，即得粗咖啡因，利用升华可进一步提纯。

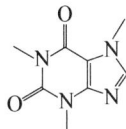

咖啡因

【仪器与试剂】

仪器：索氏提取器、圆底烧瓶、冷凝管、蒸馏装置、玻璃漏斗、蒸发皿。

试剂：绿茶叶末、生石灰粉、乙醇。

【实验步骤】

（1）用索氏提取器提取粗咖啡因

称取绿茶叶末 10g，装入滤纸筒，上口用滤纸盖好，将滤纸筒放入索氏提取器中，在圆底烧瓶中加入乙醇 80mL。用水浴加热使乙醇沸腾。乙醇蒸气通过蒸气上升管进入冷凝管，蒸气被冷凝为液体滴入提取器中积聚起来，达到一定体积后溶液流回烧瓶。经过多次虹吸，咖啡因被富集到烧瓶中。回流约 2～3h，当提取器内溶液的颜色变得很淡时，即可停止回流。待提取器内的溶液刚刚虹吸下去时，立即停止加热。将仪器改成蒸馏装置，蒸馏回收抽提液中的大部分乙醇。将残液倾入蒸发皿中，拌入生石灰粉 4g，将蒸发皿移至灯焰上焙炒片刻，除去水分。冷却后，擦去粘在边上的粉末，以免在升华时污染产品。

（2）用升华法提纯咖啡因

在装有粗咖啡因的蒸发皿上，放一张穿有许多小孔的圆形滤纸，再把玻璃漏斗盖在上面，漏斗颈部塞一小团疏松的棉花。在石棉网上或沙浴上小心地将蒸发皿加热，逐渐升高温度，使咖啡因升华（温度不能太高，否则滤纸会炭化变黑，一些有色物质也会被带出来，使产品不纯）。咖啡因通过滤纸孔，遇到漏斗内壁，重新冷凝为固体，附在漏斗内壁和滤纸上。当观察到滤纸上出现大量白色针状晶体时，停止加热。冷却到 100℃ 左右，揭开漏斗和滤纸，仔细地把附在滤纸上及漏斗内壁上的咖啡因用小刀刮下。将蒸发皿中残渣加以搅拌，重新放好滤纸和漏斗，用较大的火再加热片刻，使升华完全。此时火不能太大，否则蒸发皿内大量冒烟，产品既受污染，又遭损失。合并两次升华所收集的咖啡因，称量并测熔点。

咖啡因的升华提纯也可采用图 3.14 所示的减压升华装置。将粗咖啡因放入具支试管的底部，把装好的仪器放入油浴中，浸入的深度以直形冷凝管的底部与油表面在同一水平面为佳。冷凝管通入冷却水，开动流水泵进行减压抽气，并加热油浴至 180～190℃。咖啡因升华凝结在直形冷凝管上。升华完毕，小心取出冷凝管，将咖啡因刮到洁净的表面皿上。

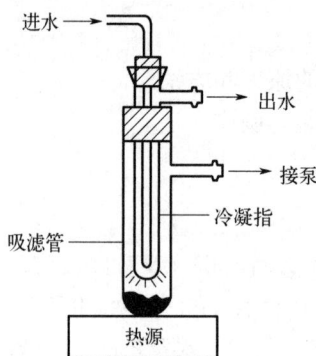

图 3.14　减压升华装置

【思考题】

1. 索氏提取器萃取的原理是什么？它和一般的浸泡萃取比较有哪些优点？
2. 进行升华操作时应注意什么问题？

实验 3-38　槐花米中芦丁的提取、分离与鉴定

【实验目的】

1. 通过芦丁的提取与精制掌握碱-酸法提取黄酮类化合物的原理及操作。
2. 掌握芦丁的一种提取、精制方法及提取、精制过程中防止苷水解的方法。
3. 掌握黄酮苷水解生成苷元的方法及二者之间的分离方法。
4. 熟悉芦丁、槲皮素的结构性质、检识方法和纸色谱鉴定方法。

【实验原理】

本实验主要利用芸香苷（又称芦丁）中含有较多的酚羟基，可溶于碱中，加酸酸化后又可析出芸香苷结晶的性质，采用碱溶酸沉法提取，并用芸香苷对冷、热水的溶解度相差悬殊的特性进行精制。芦丁可被稀酸水解，生成槲皮素及葡萄糖、鼠李糖，并能通过纸色谱鉴定。芦丁及槲皮素还可通过化学反应及紫外光谱鉴定。

芦丁（rutin）广泛存在于植物界中，现已发现含芦丁的植物在 70 种以上，如烟叶、槐花、荞麦和蒲公英中均含有。尤以槐花米和荞麦中含量最高，可作为大量提取芦丁的原料。槐花米为豆科植物槐的未开放花蕾。味苦性凉，具清热、凉血、止血之功。槐花米的主要化学成分为芦丁，又名芸香苷，含量可达 12%～16%。芦丁是由槲皮素（quercetin）3 位上的羟基与芸香糖（rutinose）[为葡萄糖（glucose）与鼠李糖（rhamnose）组成的双糖]脱水合成的苷。为浅黄色粉末或极细的针状结晶，含有三分子的结晶水，熔点为 174～178℃，无水物的熔点为 188～190℃。溶解度：冷水中为 1∶10000；热水中为 1∶200；冷乙醇中为 1∶650；热乙

醇中为 1：60；冷吡啶中为 1：12。微溶于丙酮、乙酸乙酯，不溶于苯、乙醚、氯仿、石油醚，溶于碱而呈黄色。芦丁具有维生素 P 样作用，可降低毛细血管前壁的脆性和调节渗透性，有助于保持及恢复毛细血管的正常弹性，临床上用于治疗毛细血管脆性引起的出血症，并常用作防治高血压病的辅助治疗剂。现在国外也常用芦丁作食品及饮料的染色剂。

【仪器与试剂】

仪器：广范 pH 试纸、中速层析滤纸等。

试剂：槐花米、石灰乳、0.4%硼砂水溶液、2%硫酸溶液、浓盐酸、正丁醇、醋酸、氨水、1%氢氧化钠溶液、1%三氯化铝乙醇溶液、1%葡萄糖溶液、1%鼠李糖溶液、1%芸香苷乙醇溶液、1%槲皮素乙醇溶液、95%乙醇、碳酸钡、活性炭。

【实验步骤】

（1）提取

称取槐花米 30g，在研钵中研碎后，投入含 300mL 0.4%硼砂水溶液的沸水溶液中煮沸 2～3min，在搅拌下加入石灰乳调 pH=9，煮沸 40min（注意添加水，保持原有体积，保持 pH 在 8～9），趁热倾出上清液，用棉花过滤。残渣加 100mL 水，加石灰乳调 pH=9，煮沸 30min，趁热用棉花过滤，合并两次滤液。滤液保持在 60℃，加浓盐酸，调 pH 至 2～3，放置过夜，则析出芦丁沉淀。

在芦丁沉淀中加 0.4%硼砂水溶液 200mL，在搅拌下加石灰乳调 pH 值至 8～9，加热，煮沸 15min，随时补充失去的水分，保持 pH 在 8～9，倾出上清液，用四层纱布过滤；同样操作再提取一次。合并两次滤液，放冷，并用盐酸调 pH 至 2～3，放置过夜，待析出结晶，过滤，滤饼用蒸馏水洗至 pH 在 5～6，抽干，置空气中晾干，得粗制芸香苷，称重，计算得率。

（2）精制

将芸香苷粗品悬浮于蒸馏水中，煮沸至芸香苷全部溶解，加少量活性炭，煮沸 5～10min，趁热抽滤，冷却后即可析出结晶，抽滤至干，置空气中晾干，或 60～70℃下干燥，得精制芸香苷，称重，计算得率。

（3）芸香苷的水解

取芸香苷 1g，研碎，加 2%硫酸溶液 80mL，小火加热，微沸回流 30～60min，并及时补充蒸发掉的水分。在加热过程中，开始时溶液呈浑浊状态，约 10min 后，溶液由浑浊转为澄清，逐渐析出黄色小针状结晶，即水解产物槲皮素，继续加热至结晶物不再增加为止。抽滤，保留滤液 20mL，以检查滤液中的单糖。所滤得的槲皮素粗品用水洗至中性，加 95%乙醇 80mL 加热回流使之溶解，趁热抽滤，放置析晶，得精制槲皮素。减压下在 110℃干燥，可得槲皮素无水物。

【注意事项】

1. 本实验采用碱溶酸沉法从槐花米中提取芸香苷，收率稳定，且操作简便。在提取前应注意将槐花米略捣碎，使芸香苷易于被热水溶出。槐花米中含有大量黏液质，加入石灰乳使其生成钙盐沉淀而除去。pH 应严格控制在 8～9，不得超过 10。因为在强碱条件下煮沸，时间稍长可促使芸香苷水解破坏，使提取率明显下降。酸沉一步的 pH 为 2～3，不宜过低，否则会使芸香苷形成盐溶于水，降低了收率。

2. 提取过程中加入硼砂水溶液的作用：既能调节碱性水溶液的 pH，又能保护芸香苷分子中的邻二酚羟基不被氧化，亦保护邻二酚羟基不与钙离子络合，使芸香苷不受损失。

3. 芸香苷的提取方法除了用碱溶酸沉法外，还可利用芸香苷在冷水及沸水中的溶解度不同，采用沸水提取法。又报道将生产工艺改进为用 95%乙醇回流提取后回收醇得浸膏，然后将粗浸膏经除去脂溶性杂质后，用水洗净，过滤，干燥即得芸香苷，收率可提高 6.96%，并降低了成本。因此可根据不同原料采用不同方法提取。

4. 槲皮素以乙醇重结晶时，如所用的乙醇浓度过高（90%以上），一般不易析出结晶。此时可于乙醇溶液中滴加适量蒸馏水，使其呈微浊状态，放置，槲皮素即可析出。

【思考题】

1. 本实验提取过程中应注意哪些问题？

2. 根据芸香苷的性质还可采用何种方法进行提取？简要说明理由。

第4章
探索创新及综合实验

化学综合实验是专业教学体系的重要组成部分，内容涉及化学、化工、材料、生命科学、环境、能源、医药等多学科交叉领域，知识面广，综合性强，在专业人才培养中发挥着基础性、关键性作用，也是体现专业特色和优势的重要抓手。作为一门多学科交叉的综合性实验课程，如何更新教学理念，调整教学目标和教学任务，丰富教学内容，改进教学方法，加强拓展知识应用能力，强化专业的应用特色，体现与行业企业的对接，使专业人才培养能够更好地适应新技术、新产业、新工业的发展需要，是当前新工科背景下亟待解决的关键问题。

本章中，将实验教学由理论教学的"从属"转变为人才培养的"重要组成部分"，让实验教学成为创新教学的主体角色。课程组根据高校"双一流"建设要求，进一步更新教育理念，以提升学生解决复杂问题及实践创新能力为目标采用模块化编写的方式。本章以培养学生的科研素养和创新能力为目标，内容反映学科前沿知识和学科发展脉络，强调多学科知识的交叉、融合和综合运用，体现了综合性、设计性和研究性。

实验 4-1　对氨基苯甲酸的合成

【实验目的】

1. 熟悉制备对氨基苯甲酸的原理和方法。
2. 熟练掌握回流装置的安装和使用。
3. 熟练掌握真空泵的使用方法。

【实验原理】

对氨基苯甲酸（PABA）是维生素 B_{10}（维生素 R）的组成部分，对氨基苯甲酸合成涉及三个反应。首先，将对甲苯胺用乙酸酐处理变为相应酰胺，此酰胺比较稳定，可以在高锰酸钾氧化反应中保护氨基，避免氨基被氧化。其次，高锰酸钾将对甲基乙酰苯胺中的甲基氧化成相应的羧基；由于反应中会产生氢氧根，故要加入少量硫酸镁作缓冲剂，避免碱性太强而使酰胺基发生水解；反应产物羧酸盐经酸化后得到羧酸，能从溶液中析出。最后，水解除去保护的乙酰基，在稀酸溶液中很容易进行。合成对氨基苯甲酸的反应式如下：

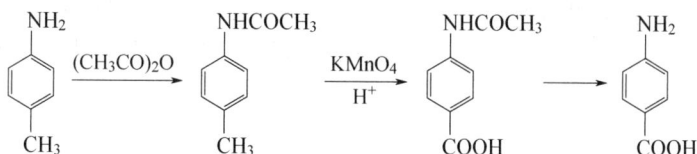

【仪器与试剂】

仪器：圆底烧瓶、温度计、直形冷凝管、烧杯、锥形瓶、酒精灯、布氏漏斗、抽滤瓶。

试剂：对甲苯胺、醋酸酐、三水合醋酸钠晶体（$CH_3COONa \cdot 3H_2O$）或无水醋酸钠、高锰酸钾、硫酸镁晶体（$MgSO_4 \cdot 7H_2O$）、乙醇、盐酸、硫酸、氨水、活性炭、冰醋酸。

【实验步骤】

（1）对甲基乙酰苯胺的合成

在 250mL 烧杯中加入 3.8g（0.035mol）对甲苯胺、90mL 水、3.8mL 浓盐酸，必要时水浴温热，使之溶解；若颜色较深，则可加少量活性炭脱色后过滤。同时配制 6g 三水合醋酸钠晶体于 10mL 水中的溶液，必要时，温热使固体溶解。

将脱色后的盐酸对甲基苯胺溶液加热至 50℃，加入 4.2mL 醋酸酐，马上加入配制好的醋酸钠溶液，充分搅拌后，将混合溶液置于冰水浴中冷却，即析出对甲基乙酰苯胺白色固体，抽滤，用少量水洗，约可得 3～4g 固体，纯对甲基乙酰苯胺的熔点为 154℃。

（2）对乙酰氨基苯甲酸的合成

250mL 烧杯中加入上述制得的对甲基乙酰苯胺、10g 硫酸镁晶体和 175mL 水，将混合物水浴加热到约 85℃。制备 10.3g 高锰酸钾溶于约 35mL 沸水的溶液，充分搅拌下将高锰酸钾溶液在 30min 内分批加到对甲基乙酰苯胺的混合物中，以免氧化剂局部浓度过高破坏产物，加完后继续在 85℃下搅拌 15min，混合物变为深棕色。趁热抽滤除去二氧化锰沉淀，并用少量热水洗涤二氧化锰。若滤液呈紫色，可加入 1～1.5mL 乙醇，煮沸直至紫色消失，将滤液再抽滤一次。

冷却滤液，加 20%硫酸至溶液显酸性，出现白色固体，抽滤压干，干燥后约得对乙酰氨基苯甲酸 2～3g，纯化合物熔点为 250～252℃，湿产品可直接进行下一步。

（3）对氨基苯甲酸的制备

称量上步得到的湿的对乙酰氨基苯甲酸，将其置于 100mL 圆底烧瓶中，石棉网上小火缓慢回流 30min。待反应液稍冷，转移到 250mL 烧杯中，加入 15mL 冷水，然后用 10%氨水中和至石蕊试纸恰呈碱性，氨水切勿过量。每 30mL 最终溶液加 1mL 冰醋酸，充分振荡后置于冰水浴中骤冷以引发结晶，待结晶完全，抽滤，烘干，回收产物。纯对氨基苯甲酸熔点为 186～187℃。

【注意事项】

对氨基苯甲酸不必重结晶，对产物重结晶的各种尝试均未获得满意结果，产物可以直接用于合成苯佐卡因。

【思考题】

1. 对甲苯胺用醋酸酐酰化反应中加入醋酸钠的目的何在？
2. 对甲基乙酰苯胺用高锰酸钾氧化时，为何要加入硫酸镁晶体？
3. 在氧化步骤中，若滤液有色，需加入少量乙醇煮沸，发生了什么反应？
4. 在最后水解步骤中，用氢氧化钠溶液代替氨水中和可以吗？中和后加入醋酸的目的何在？

实验 4-2　苯佐卡因的合成

【实验目的】

1. 了解多步反应合成思路。
2. 进一步了解氨基的保护、苯甲基的氧化和酯化反应。

【实验原理】

苯佐卡因化学名称为对氨基苯甲酸乙酯，是重要的医药中间体，可以作为很多药物的前体原料，如奥索仿、奥索卡因、普鲁卡因等，为局部麻醉药。苯佐卡因作用的特点是起效迅速，30s 左右即可产生止痛作用，且对黏膜无渗透，毒性低，不会影响心血管系统。此外，也可以作为紫外线吸收剂。主要用于防晒类和晒黑类化妆品，对光和空气的化学性稳定，对皮肤安全，还具有在皮肤上成膜的能力。本实验以硫酸作催化剂，对氨基苯甲酸与乙醇进行酯化反应，再经中和、洗涤、结晶、干燥可得苯佐卡因。合成苯佐卡因的反应式如下：

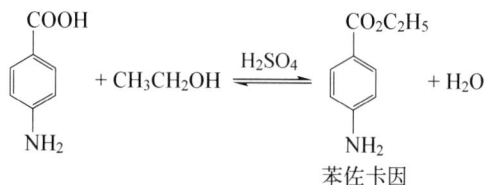

【仪器与试剂】

仪器：250mL 烧杯、抽滤装置、圆底烧瓶（5mL）、球形冷凝管。

试剂：对氨基苯甲酸、乙醇、乙醚、无水硫酸镁、浓硫酸、10%碳酸钠溶液。

【实验步骤】

将 1g 对氨基苯甲酸置于 50mL 圆底烧瓶中，并且加入 12mL95%乙醇，摇晃溶解，用冰水浴冷却混合物，然后慢慢加入 2mL 浓硫酸，立即产生大量沉淀（固体在下一步的回流中会逐渐溶解），连接球形冷凝管将反应物在水浴中回流 1h。

将反应物转移到 250mL 的烧杯中，冷却后分批加入 10%碳酸钠溶液（约 6mL）中和反应物，可观察到有气体逸出并产生泡沫（发生了什么反应？），直至加入碳酸钠溶液后无明显气体释放。反应混合物接近中性时，检查溶液 pH 值，再加少量碳酸钠溶液至 pH 为 9 左右。在中和过程中产生少量沉淀（什么物质？），将溶液倾入到分液漏斗中，并用少量乙醚洗涤固体后并入分液漏斗。向分液漏斗中加入 20mL 乙醚，振摇后分出醚层。经无水硫酸镁干燥后水浴中蒸馏除去乙醚与乙醇，至残余油状物约 1mL 为止。残余液用乙醇-水重结晶，得到对氨基苯甲酸乙酯晶体约 0.5g，熔点为 90℃。

【思考题】

1. 本实验中加入浓硫酸后，产生的沉淀是什么物质？
2. 酯化反应结束后，为什么要用碳酸钠溶液而不用氢氧化钠溶液进行中和？为什么不中和至 pH 为 7，而要使溶液 pH 为 9 左右？

实验 4-3　安息香的合成

【实验目的】

1. 学习安息香缩合反应的原理和方法。
2. 了解应用维生素 B_1 为催化剂进行反应的实验方法。

【实验原理】

安息香化学名称为 2-羟基-2-苯基苯乙酮。在一定条件下，通过苯甲醛缩合反应制备。合成路线如下：

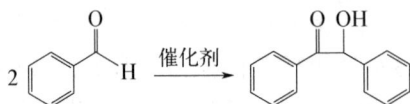

早期使用的催化剂是剧毒的氰化物，极为不便。近年来改用维生素 B_1 作催化剂，价廉易得、操作安全、效果良好。维生素 B_1 的噻唑环上 2 位碳原子在碱的作用下可生成负碳离子，可催化安息香缩合反应。

【仪器与试剂】

仪器：三口烧瓶（19#，100mL）、圆底烧瓶（19#，25mL）、球形冷凝管、蒸馏装置、长颈滴液漏斗、分液漏斗。

试剂：5.2g（5mL，0.05mol）苯甲醛（新蒸）、0.9g 维生素 B_1、95%乙醇、10%氢氧化钠溶液、活性炭。

【实验步骤】

在 50mL 圆底烧瓶中，加入 0.9g 维生素 B_1、2.5mL 蒸馏水和 7.5mL 乙醇，将烧瓶置于冰水浴中冷却。同时取 2.5mL10%氢氧化钠溶液于一支试管中并置于冰水浴中冷却。然后在冰水浴冷却下，将氢氧化钠溶液在 10min 内滴加至圆底烧瓶中，并不断摇荡，调节溶液 pH 为 9～10，此时溶液呈黄色。去掉冰水浴，加入 5mL 新蒸的苯甲醛，装上球形冷凝管，加几粒沸石，将混合物置于水浴上加热 1.5h，水浴温度在 60～75℃，切勿将混合物加热至剧烈沸腾，此时反应混合物呈油状物析出，应重新加热使其成均相，再慢慢冷却重结晶，必要时可用玻璃棒摩擦瓶壁或投入晶种。抽滤，用 25mL 冷水分两次洗涤结晶（冷水用量不能多，否则产品会损失）。粗产物用 95%乙醇重结晶。若产物呈黄色，可加入少量活性炭脱色。纯安息香为白色针状结晶，产量约 2g，熔点为 134～136℃。

【注意事项】

1. 确保维生素 B_1 稳定，维生素 B_1 在碱性条件下受热容易分解，维生素 B_1 水溶液加碱时必须在冰水浴冷却和搅拌下慢慢进行，加热也不要过于激烈。
2. 苯甲醛不能含有苯甲酸，量取速度要快。投完原料后，调节 pH=9.4～9.6（精密 pH 试纸）。
3. 安息香重结晶溶剂：95%乙醇 10mL/g（粗产物），根据产量投料。

实验 4-4　二苯乙二酮的合成

【实验目的】

1. 了解安息香氧化合成二苯乙二酮时氧化剂的选择。
2. 熟练掌握回流、重结晶等实验操作。

【实验原理】

安息香可以被温和的氧化剂醋酸铜氧化成 α-二酮，铜盐本身被还原成亚铜盐。本实验经改进后使用催化量的醋酸铜，反应中产生的亚铜盐可不断被硝酸铵重新氧化成铜盐，硝酸铵本身被还原为亚硝酸铵，后者在反应条件下分解为氮气和水。改进后的方法在不延长反应时间的情况下可明显节约试剂，且不影响产率及产物纯度。安息香也可用浓硝酸氧化成 α-二酮，但由于释放出二氧化氮会对环境产生污染。合成二苯乙二酮的反应式如下：

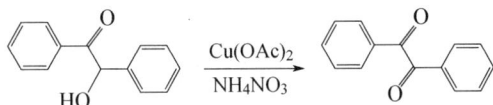

【仪器与试剂】

仪器：圆底烧瓶、球形冷凝管、抽滤装置、石棉网等。
试剂：安息香、硝酸铵、2%醋酸铜溶液、冰醋酸、乙醇。

【实验步骤】

在 50mL 圆底烧瓶中加入 2.15g 安息香、6.5mL 冰醋酸、1g 粉末状的硝酸铵和 1.3mL 2% 醋酸铜溶液，加入几粒沸石，装上球形冷凝管，在石棉网上缓缓加热并时刻摇晃。当反应物溶解后，开始放出氮气，继续回流 1.5h 使反应完全。将反应混合物冷却至 50～60℃，在搅拌下倒入 10mL 冰水中，析出二苯乙二酮晶体。抽滤，用冷水充分洗涤，尽量压干，粗产物干燥后约 1.5g。产物已足够纯净可直接用于下一步合成。如果要制备纯品，可用 75%的乙醇-水溶液重结晶，熔点为 94～96℃。

纯二苯乙二酮为黄色结晶，熔点为 95℃。

【注意事项】

2%醋酸铜溶液可用下述方法制备：溶解 2.5g 一水合醋酸铜于 100mL 10%醋酸水溶液中，充分搅拌后滤去碱性铜盐的沉淀。

实验 4-5　二苯乙醇酸的合成

【实验目的】

1. 掌握二苯乙醇酸合成的原理和制备技术。

2. 巩固回流、脱色、重结晶等基本操作。

【实验原理】

二苯乙二酮与氢氧化钾溶液回流，生成二苯乙醇酸盐，称为二苯乙醇酸重排。反应过程如下：

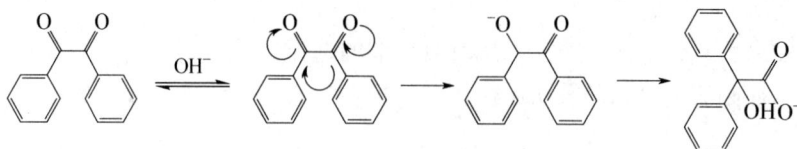

形成稳定的羧酸盐是反应的推动力，一旦生成羧酸盐，经酸化后即产生二苯乙醇酸。这一重排反应可普遍用于将芳香族 α-二酮转化为芳香族 α-羟基酸，某些脂肪族 α-二酮也可发生类似的反应。

二苯乙醇酸也可直接由安息香与碱性溴酸钠溶液一步反应来制备，能够得到高纯度的产物。

【仪器与试剂】

仪器：50mL 圆底烧瓶烧杯、恒温水浴锅（带搅拌装置）、球形冷凝管、抽滤装置。

试剂：二苯乙二酮、氢氧化钾、乙醇、浓盐酸、活性炭。

【实验步骤】

在 50mL 圆底烧瓶中溶解 1.3g 氢氧化钾于 2.6mL 水中，将 1.25g 二苯乙二酮溶于 4mL 95%乙醇溶液中，将上述两溶液混合均匀后，装上球形冷凝管，在水浴上回流 15min。然后将反应混合物转移到小烧杯中，在冰水浴中放置约 1h，直至析出二苯乙醇酸钾的晶体。抽滤，并用少量冷乙醇洗涤晶体。

将过滤出的钾盐溶于 35mL 水中，用滴管加入 1 滴浓盐酸，少量未反应的二苯乙二酮呈胶体悬浮状，加入少量活性炭并搅拌几分钟，然后用折叠滤纸过滤。滤液用 5%盐酸（约 12mL）酸化至刚果红试纸变蓝，有二苯乙醇酸晶体析出，在冰水浴中冷却使结晶完全。抽滤，用冷水洗涤几次以除去晶体中的无机盐。粗产物干燥后约 1g，熔点为 147～149℃。进一步纯化可用水重结晶，并加少量活性炭脱色，二苯乙醇酸产量约 0.5g，熔点为 148～149℃。

【注意事项】

重结晶和洗涤用的溶液注意用量，否则产率会降低。

实验 4-6 对氨基苯磺酰胺（磺胺）的制备

【实验目的】

1. 通过对氨基苯磺酰胺的制备，掌握酰氯的氨解和乙酰氨基衍生物的水解。
2. 巩固回流、脱色、重结晶等基本操作。

【实验原理】

本实验从对乙酰氨基苯磺酰氯出发经下述三步反应合成对氨基苯磺酰胺（磺胺）。

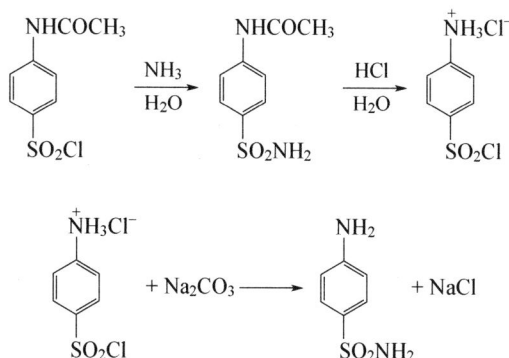

【仪器与试剂】

仪器：烧杯、圆底烧瓶、恒温水浴锅（带搅拌装置）、球形冷凝管、抽滤装置。

试剂：对乙酰氨基苯磺酰氯粗产品、浓氨水、10%盐酸、碳酸钠固体。

【实验步骤】

（1）对乙酰氨基苯磺酰胺的制备

将自制的对乙酰氨基苯磺酰氯粗品放入 50mL 烧杯中，搅拌下慢慢加入 35mL 浓氨水，立即发生放热反应生成糊状物。加完浓氨水后，在室温下继续搅拌 10min，使反应完全。

将烧杯置于热水浴中，于 70℃反应 10min，并不断搅拌，以除去多余的氨，然后将反应液冷却至室温。用冰水浴冷却反应混合物至 10℃，抽滤，用冷水洗涤。得到的粗产物可直接用于下步合成。

（2）对氨基苯磺酰胺（磺胺）的制备

将对乙酰氨基苯磺酰胺的粗品放入 50mL 圆底烧瓶中，加入 20mL 10%盐酸和一粒沸石。装上球形冷凝管，使混合物回流至固体全部溶解（约需 10min），然后回流 0.5h。将反应液倒入一个大烧杯中，将其冷却至室温。在搅拌下小心加入碳酸钠固体（约需 4g），至反应液使石蕊试纸恰显碱性（pH=7～8），在中和过程中，磺胺沉淀析出。在冰水浴中将混合物充分冷却，抽滤，收集产品。用热水重结晶产品并干燥。称重，计算产率，测定熔点。纯对氨基苯磺酰胺（磺胺）为白色针状晶体，熔点为 165～166℃。

【注意事项】

1. 本实验应使用过量的氨以中和反应生成的氯化氢，并使氨不被质子化。

2. 产物对乙酰氨基苯磺酰胺对于水解反应来说已足够纯，若需纯品，可用 95%乙醇进行重结晶，纯品的熔点为 220℃。

3. 若溶液呈现黄色，可加入少量活性炭，煮沸，抽滤。

4. 应少量分次加入固体碳酸钠，由于生成二氧化碳，每次加入后都会产生泡沫。

5. 由于磺胺能溶于强酸和强碱中，故 pH 值应控制在 7～8。

【实验目的】

1. 了解身边的化学，如味精等常见物质的结构。
2. 测定味精中谷氨酸钠的含量。

【实验原理】

味精是国内外广泛使用的增鲜调味品，为白色结晶或粉末状固体，易溶于水，其主要化学成分是含结晶水的谷氨酸钠（$C_5H_8NO_4Na$）和食盐（$NaCl$），市售味精中谷氨酸钠的含量通常有 99%、90%、80% 等几种。谷氨酸钠可由小麦面筋、淀粉或甜菜糖蜜为原料来制备，也可用化学方法合成。

谷氨酸钠又称为 2-氨基戊二酸一钠，是谷氨酸的单钠盐，在酸性溶液中可以转化成谷氨酸（2-氨基戊二酸），谷氨酸难溶于水。谷氨酸钠与磷酸的反应式如下：

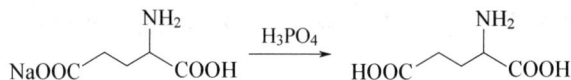

$$NaOOC\diagdown\diagup COOH \xrightarrow{\ \ H_3PO_4\ \ } HOOC\diagdown\diagup COOH$$

以市售味精为样品，进行味精中谷氨酸钠含量的测定及谷氨酸的制备，需要综合利用无机化学、有机化学、分析化学和物理化学的基本知识，同时涉及称量、溶液配制、移液、滴定、结晶、过滤和干燥等化学实验基本操作以及旋光仪、红外光谱仪的使用。

【实验步骤】

（1）谷氨酸钠含量的测定

味精中谷氨酸钠含量的测定主要有滴定法、酸度计法、分光光度法和旋光法等。根据提供的仪器及化学试剂，测定市售味精试样中谷氨酸钠的含量。

（2）氢氧化钠标准溶液浓度的标定

配制浓度约为 0.05mol/L 的氢氧化钠溶液以备后续实验使用，并标定氢氧化钠标准溶液的准确浓度。

提示：

① 请确定基准物质及其称量方法和称量范围。

② 酚酞指示剂的变色范围：pH 为 8.0～10.0（无色→红色）；百里酚酞指示剂的变色范围：pH 为 9.4～10.6（无色→蓝色）。

要求：

① 写出滴定反应的化学反应方程式及氢氧化钠标准溶液浓度的计算公式。

② 用表格的形式记录重要原始数据并得出实验结果。

（3）滴定法测定谷氨酸钠含量

提示：

① 化学原理如下：

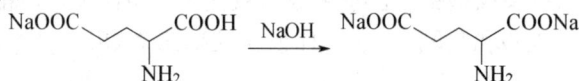

$$NaOOC\diagdown\diagup COOH \xrightarrow{\ \ NaOH\ \ } NaOOC\diagdown\diagup COONa$$

用 0.05mol/L 氢氧化钠溶液来滴定谷氨酸钠溶液时，化学计量点 pH 值约为 9.6。

② 为防止氨基对滴定结果的影响，要加入 40%甲醛溶液来掩蔽氨基，每 0.1g 味精试样需加入的甲醛溶液约为 5mL 且反应时间在 5min 以上。

③ 酚酞指示剂的变色范围：pH 为 8.0～10.0（无色→红色）；百里酚酞指示剂的变色范围：pH 为 9.4～10.6（无色→蓝色）。

④ 请确定味精试样的称量方法及称量范围。

⑤ 为减少滴定法的误差，可以考虑做空白实验。

要求：

① 概述实验步骤。

② 写出谷氨酸钠含量（用质量分数表示）的计算公式。

③ 用表格的形式记录重要原始数据并得出实验结果。

实验 4-8　一种昆虫信息素 2-庚酮的制备

【实验目的】

1. 了解昆虫信息素的有关知识及其应用。
2. 熟悉合成 2-庚酮的原理和方法。
3. 掌握克莱森酯缩合及乙酰乙酸乙酯合成法在药物合成上的应用。

【实验原理】

2-庚酮发现于成年工蜂的颈腺中，是一种警戒信息素，同时，也是臭蚁属蚁亚科小黄蚁的警戒信息素。当小黄蚁嗅到 2-庚酮时，迅速改变行走路线，四处逃窜。2-庚酮微量存在于丁香油、肉桂油、椰子油中，其具有强烈的水果香气，可用于香精中。它的合成是由乙酰乙酸乙酯和乙醇钠反应，形成钠代乙酰乙酸乙酯，该负碳离子与 1-溴丁烷进行 S_N2 反应，得到正丁基乙酰乙酸乙酯，经氢氧化钠水解，再进行酸化脱羧后，用二氯甲烷萃取，蒸馏纯化，得到最终产物 2-庚酮。合成反应式如下：

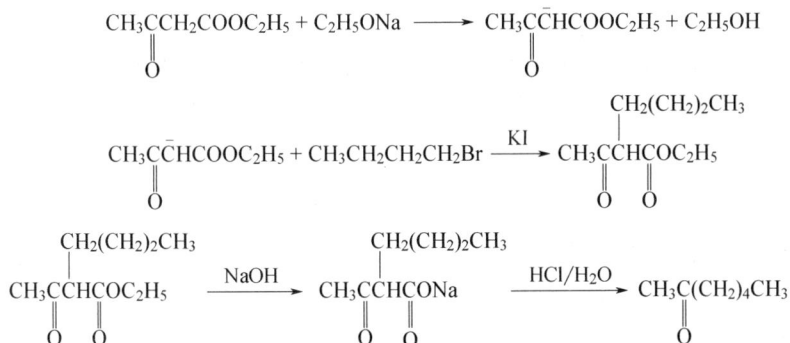

$$CH_3CCH_2COOC_2H_5 + C_2H_5ONa \longrightarrow CH_3\overset{-}{C}HCOOC_2H_5 + C_2H_5OH$$

$$CH_3\overset{-}{C}HCOOC_2H_5 + CH_3CH_2CH_2CH_2Br \xrightarrow{KI} CH_3CCHCOC_2H_5$$
（侧链 $CH_2(CH_2)_2CH_3$）

$$CH_3CCHCOC_2H_5 \xrightarrow{NaOH} CH_3CCHCONa \xrightarrow{HCl/H_2O} CH_3C(CH_2)_4CH_3$$
（侧链 $CH_2(CH_2)_2CH_3$）

【仪器与试剂】

仪器：磁力搅拌器、球形冷凝管、滴液漏斗、三口烧瓶、圆底烧瓶、氯化钙干燥管、克氏蒸馏瓶、分液漏斗、抽滤瓶、锥形瓶。

试剂：乙酸乙酯、无水乙醇、金属钠、1-溴丁烷、盐酸、5%氢氧化钠溶液、硫酸、二氯甲烷、40%氯化钙溶液、无水硫酸镁、50%醋酸水溶液、氯化钠、5%碳酸钠溶液、碘化钾。

【实验步骤】

（1）乙酰乙酸乙酯的合成

在干燥的 100mL 圆底烧瓶中，加入 24.5mL 乙酸乙酯和 2.5g 金属钠丝。装上球形冷凝管，冷凝管上口预先装上氯化钙干燥管。用热水浴加热回流直至金属钠全部作用完。冷却，拆去冷凝管，在冷水浴冷却状态下边振荡边向烧瓶中缓缓滴加 50%醋酸水溶液，使溶液呈弱酸性，将反应液用氯化钠饱和。静置，用分液漏斗分离出酯层，水层用 10mL 乙酸乙酯萃取一次，合并酯层及萃取液，用 5%碳酸钠溶液洗至中性，水洗后用无水硫酸镁干燥。分离干燥剂，液体用 100mL 克氏蒸馏瓶先蒸出低沸点的乙酸乙酯，然后减压蒸馏，收集 80～83℃/20mmHg 馏分，产量：4～5g。记录乙酰乙酸乙酯的红外光谱和核磁共振谱。

（2）正丁基乙酰乙酸乙酯的合成

在 250mL 三口烧瓶上，装置球形冷凝管和滴液漏斗，在冷凝管的顶端装上氯化钙干燥管。瓶中加入 2.3g（0.1mol）切成细条的新鲜金属钠，由滴液漏斗逐渐加入 50mL 无水乙醇，控制加入速度使乙醇保持沸腾。待金属钠作用完毕后，加入 1.2g 粉状碘化钾，并在水浴上加热至沸，直至固体溶解，然后加入 13g 乙酰乙酸乙酯（0.1mol）。在加热回流下加入 15.1g 1-溴丁烷（0.11mol），继续回流 3h。待反应溶液冷却后，过滤溶液以除去溴化钠晶体，常压蒸去乙醇。粗产物用 10mL 1%盐酸洗涤，水层用 10mL 二氯甲烷萃取一次，将油层与二氯甲烷萃取液合并，并用 8mL 水洗涤。用无水硫酸镁干燥后，蒸去二氯甲烷，减压蒸馏收集 112～117℃/16mmHg 或 124～130℃/20mmHg 的馏分，产量为 11～12g（产率为 59.0%～64.5%）。

（3）2-庚酮的合成

在 250mL 三口烧瓶中加入 50mL 5%氢氧化钠溶液及 9.2g 正丁基乙酰乙酸乙酯（0.05mol），室温搅拌 2.5h。然后在搅拌下由滴液漏斗慢慢加入 16mL 20%硫酸溶液。待大量二氧化碳气泡放出后，停止搅拌，改成蒸馏装置，收集馏出物。分出油层，水层以每次 10mL 二氯甲烷萃取两次，油层与二氯甲烷萃取液合并后，再用 10mL 40%氯化钙溶液洗涤一次，用无水硫酸镁干燥，蒸馏收集 145～152℃的馏分，产量约 4g（产率 70%）。

【注意事项】

1. 有金属钠参与反应，仪器药品须进行无水处理，同时注意安全。
2. 由于溴化钠的生成，会出现剧烈的崩沸现象，如采用搅拌装置可以避免这种现象。
3. 第三步实验要注意：避免激烈地放出二氧化碳，防止冲料。

【思考题】

1. 在乙酰乙酸乙酯的合成中为何要将反应液用氯化钠饱和？
2. 2-庚酮的合成过程中，在用无水硫酸镁干燥前为何要用 40%氯化钙溶液洗涤？

实验 4-9　降解 PET 制备对苯二甲酸及含量分析

【实验目的】

1. 了解高分子材料的结构与组成。

2. 理解高分子材料的分解过程。

3. 能够建立评价高分子材料降解水平的分析方法。

【实验原理】

聚对苯二甲酸乙二醇酯（PET）是一种广泛使用的高分子材料，因具有良好的化学稳定性、阻隔性、耐磨性、耐折性、耐疲劳性、高透性等性能而被应用于各个领域，尤其是其具有无毒、无味和卫生安全特性而被直接用于食品包装行业。在自然状态下 PET 难以分解，而焚烧又会产生含有芳烃的有毒气体而污染环境。据 SmithersPira 公司所发布的一份报告显示，2021 年 PET 的全球消费量达 2080 万吨，带来更大的环境问题。因此，PET 废弃物的有效降解已成为急需解决的问题。目前降解 PET 的方法主要有水解、醇解和氨（胺）解等，相关反应式如下：

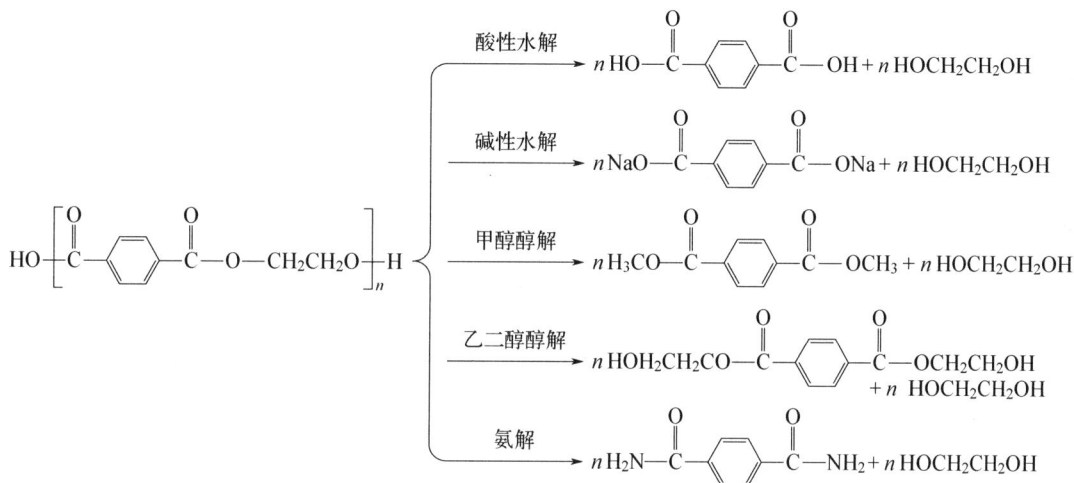

【实验步骤】

（1）对苯二甲酸的制备

在 30mL 乙醇溶液中加入 8g 对苯二甲酸二乙酯，加入 3g 氢氧化钠，回流 2h，得到对苯二甲酸钠。再加入 5mL 6mol/L 盐酸进行酸化，抽滤得到对苯二甲酸粗产物。相关反应式如下：

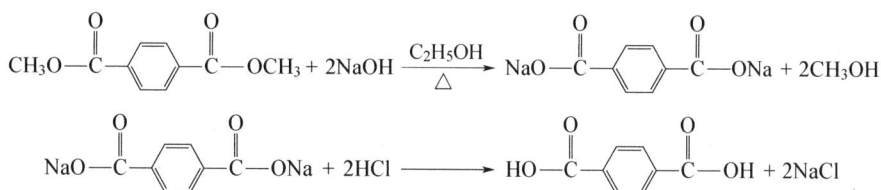

（2）对苯二甲酸含量的测定

对苯二甲酸是二元弱酸，不溶于水，但可溶于过量（约 40%～50%）的 NaOH 溶液中。每次滴定时，准确称取对苯二甲酸 0.2～0.3g，用酚酞作指示剂进行滴定。至少平行测定两次。简述实验原理并写出计算对苯二甲酸纯度的表达式，描述实验步骤并记录实验数据，计算对苯二甲酸的纯度及测定结果的相对平均偏差。

（3）对苯二甲酸的红外光谱表征

用 WQF-520 型傅里叶变换红外光谱仪进行自制对苯二甲酸的红外光谱表征，红外光谱制样方法采用 KBr 压片法，采样分辨率为 2.0cm^{-1}，扫描 6 次。指出红外光谱图重要吸收峰的归属，并根据红外光谱图说明产物是对苯二甲酸的理由。

【注意事项】

实验用对苯二甲酸二乙酯是 PET 醇解后的产物，加入乙醇溶解的过程中有少量未反应完的 PET，可以在乙醇溶解抽滤后再水解。

【思考题】

为了将 PET 降解得更加彻底，我们在化学降解前要对 PET 做哪些预处理？

实验 4-10　三苯胺醛缩苯磺酰腙的制备及分离性能评价

【实验目的】

1. 学习磺酰腙的制备方法。
2. 学会用席夫碱和石墨烯制备滤膜。
3. 学习用光学手段分析物质含量。

【实验原理】

磺酰腙是一种性质稳定的特殊席夫碱化合物，由于分子中含有—SO$_2$—NH—N=CH—结构而能与金属离子配位，具有清除自由基、抗菌、抗肿瘤、杀虫等性能，在医药、农药、环境等领域受到广泛关注。用 4-(N, N-二苯氨基)苯甲醛与苯磺酰肼反应制备 4-(N, N-二苯氨基)苯甲醛缩苯磺酰腙（简称为：三苯胺醛缩苯磺酰腙），然后对三苯胺醛缩苯磺酰腙进行结构表征，最后将三苯胺醛缩苯磺酰腙制备成小分子分离膜并利用该分离膜来分离水溶液中的染料，以评价其分离性能。需要学生综合利用无机化学、有机化学、分析化学和物理化学的基本知识和实验操作技能来分析问题和解决问题。

【实验步骤】

（1）三苯胺醛缩苯磺酰腙的制备

利用提供的仪器及化学试剂，自拟实验方案，借助适宜的实验装置制备三苯胺醛缩苯磺酰腙。相关反应式如下：

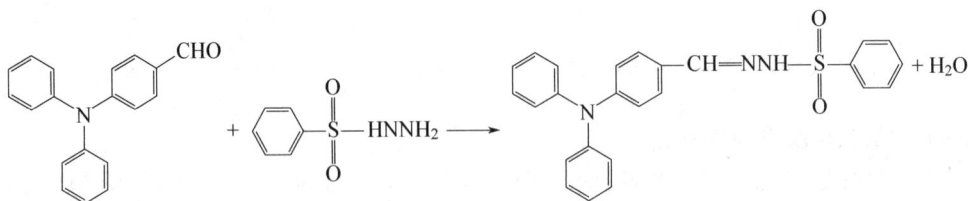

产物三苯胺醛缩苯磺酰腙的理论产量控制在 3.00～3.50g 范围内。无水乙醇作溶剂，其用量约为 75mL。冰醋酸作催化剂，其用量约 1mL。反应时间控制在 1～1.5h 内，反应温度约 80℃。三苯胺醛缩苯磺酰腙为固态产物，室温下难溶于乙醇。反应结束后反应器须冷却到室温方可进行后续操作。制备实验完成后，使用过的无水乙醇要倒入回收瓶中。

（2）三苯胺醛缩苯磺酰腙的表征

将制备得到的产品进行熔点的测定和红外光谱的表征，并分析物质的红外光谱图。

（3）三苯胺醛缩苯磺酰腙的分离性能

利用提供的仪器及化学试剂，借助适宜的实验装置评价三苯胺醛缩苯磺酰腙对亚甲基蓝的分离性能，具体操作内容如下。

① 配制三苯胺醛缩苯磺酰腙/DMSO 溶液：利用制得的三苯胺醛缩苯磺酰腙，配制 0.1mol/L 三苯胺醛缩苯磺酰腙/DMSO 溶液 25.00mL。

② 配制制膜液：将 2.0mL 1mg/L 氧化石墨烯水溶液、2.0mL 0.1mol/L 三苯胺醛缩苯磺酰腙/DMSO 溶液和 21.0mL 纯水充分混合后配成 25.0mL 制膜液。

③ 制备分离膜：将 25.0mL 制膜液全部转移到已装好滤膜的玻璃砂芯漏斗中，以 150mL 磨口锥形瓶作接液器，通过抽滤完成制膜操作，此时滤膜上面覆盖了一层氧化石墨烯/三苯胺醛缩苯磺酰腙分离膜。

④ 分离性能评价：以洁净、干燥的 150mL 磨口锥形瓶作接液器，将 25.0mL 亚甲基蓝溶液转移到制膜完成的玻璃砂芯漏斗中进行抽滤，抽滤结束后，在分光光度计上分别测定分离前后亚甲基蓝溶液的吸光度。注意：亚甲基蓝的最大吸收波长选定为 665nm。当吸光度测定值较大时，可以将亚甲基蓝溶液稀释后再测定吸光度。

【注意事项】

分离性能评价完成后，覆盖了分离膜的玻璃砂芯漏斗无需后处理直接放置在烧杯中即可，废液倒入废液桶中。

【思考题】

1. 4-(N, N-二苯氨基)苯甲醛和苯磺酰肼的加入量分别为多少毫摩尔？何者过量？过量比例为多少？

2. 反应完成后，产物的纯化采取了哪些措施？

3. 画出制备装置示意图，写出该装置的名称。

第5章
有机合成在油田化学品合成中的应用

　　油田化学品，从广义上说，系指用于石油勘探、钻采、集输等所有工艺过程中的各种化学品，主要包括矿物产品（如黏土等）、通用化学品（如各种酸和碱等）、天然产品（如淀粉）、无机产品（如碳酸锌）和专用（精细化工）产品（如聚合物和表面活性剂等）。近几十年来，我国油田化学技术发展迅速，形成了较广阔的油田化学品市场。据不完全统计，1995年国内油田化学品用量为102.9万吨，而到2009年，全行业使用量已达到147万吨。15年间，油田化学品的使用量增加了42%以上，市场规模增长超过180%。其中，钻井用化学品用量最大，占油田化学品总用量的45%～50%；采油用化学品技术含量高，占总用量的30%以上。中国新发现油田储量有限，老油田挖潜任务艰巨，特别是针对我国油田特点，加强油田勘探开发，提高油田采收率，加强环境保护，需要更多的新型、高效、降低污染的油田化学品。

　　目前，中石化、中石油和中海油三大公司控制着我国绝大多数的石油和天然气油井，而其油井开采过程中的钻井液的配制及技术服务也一般由其专门部门负责。我国钻井液技术服务行业集中度较高，前十位钻井液技术服务企业市场集中度约为55%。全国范围内从事钻井液技术服务的重点企业包括长城钻探工程有限公司钻井液公司、中海油田服务股份有限公司、胜利油田钻井工程技术公司、中国石油川庆钻探工程有限公司等。

　　有机合成在油田化学品合成过程中有非常广泛的应用，包括以下类型。

　　① 钻井用有机化合物　包括杀菌剂、缓蚀剂、消泡剂、乳化剂、起泡剂、表面活性剂、页岩抑制剂和降黏剂等。

　　② 固井用有机化合物　包括缓凝剂和消泡剂等。

　　③ 酸化用有机化合物　包括低分子有机酸、潜在酸、缓蚀剂、助排剂、乳化剂、防乳化剂、起泡剂、铁离子稳定剂和防淤渣剂等。

　　④ 压裂用有机化合物　包括缓蚀剂、助排剂、交联剂、黏土稳定剂、防乳化剂、起泡剂、暂堵剂和杀菌剂等。

　　⑤ 提高采收率用有机化合物　包括起泡剂和表面活性剂等。

　　⑥ 油气集输用有机化合物　包括破乳剂、乳化剂、水合物抑制剂、防蜡剂、降凝剂和起泡剂等。

　　⑦ 处理用化合物　有杀菌剂、缓蚀剂、黏土稳定剂、絮凝剂、防垢剂和除垢剂等。

实验5-1　钻井液包被剂的合成与评价

【实验目的】

　　1. 掌握钻井液包被剂的组成与合成原理。

2. 了解钻井液包被剂的使用环境和使用方法。

【实验原理】

在钻井液处理剂中，包被剂的主要作用是抑制钻屑分散、控制地层造浆以及稳定地层的作用，而聚合物钻井液的强抑制性是聚合物钻井液应用技术中的基本内容，因此包被剂也就成了聚合物钻井液、聚磺钻井液中的核心处理剂，它的性能好坏就直接关系到聚合物钻井液在钻井过程中的作用效果。

【仪器与试剂】

仪器：分析天平、集热式恒温加热磁力搅拌器、烧杯、量筒、玻璃棒、电热鼓风干燥箱、粉碎机、高速搅拌器、黏度计。

试剂：2-丙烯酰氨基-2-甲基丙磺酸、丙烯酸、丙烯酰胺、二甲基二烯丙基氯化铵、氢氧化钠、氮气、偶氮二异丁脒盐酸盐（引发剂 V-50）、乙醇、蒸馏水、膨润土、无水碳酸钠、两性离子聚合物包被剂 FA-367、氯化钠、氯化镁、氯化钙。

【实验步骤】

（1）包被剂的合成

将 2g 2-丙烯酰氨基-2-甲基丙磺酸、7.2mL 丙烯酸及一定量的水混合到一起放入烧杯中，溶解均匀后，加入 pH 值调节剂调节 pH=9～10，再加入 9.4g 丙烯酰胺、1g 二甲基二烯丙基氯化铵，溶解均匀，至此 40mL 原料水溶液配制完成。室温下通氮气 15～30min，然后将配好的原料水溶液放入恒温水浴中，当温度达到 40℃时，边搅拌边加入 0.032g 引发剂 V-50。在 45℃下反应，保温 4h 完成后，产物用乙醇沉淀并抽提 4h 后烘干粉碎，得到包被剂。

（2）包被剂的评价

① 淡水基浆的配制与性能测试

4%淡水基浆的配制：按每升蒸馏水中加入 40.0g（准确至 0.1g）膨润土及 2.40g 无水碳酸钠的比例，配制 400mL 基浆，高速搅拌 20min，其间至少停两次，以刮下黏附在容器壁上的膨润土，在(25±3)℃下养护 24h，再高速搅拌 5min，得到淡水基浆。按 SY/T 5613—2016 测定其流变参数（塑性黏度、表观黏度）和滤失量。

4%淡水基浆的性能测试：取配好的 400mL 4%淡水基浆 6 份，边搅拌边分别加入 0.1%、0.2%、0.3%、0.4%的聚合物样品和 0.2%、0.3%的 FA-367，使之分散均匀，在(25±3)℃下养护 24h，再高速搅拌 5min，按标准 SY/T 5613—2016 测定其流变参数（塑性黏度、表观黏度）和滤失量。

② 复合盐水基浆的配制与性能测试

复合盐水基浆的配制：按每升蒸馏水中加入 45.0g（准确至 0.1g）氯化钠、13.0g 氯化镁及 5.0g 无水氯化钙，充分溶解后，加入 150.0g 膨润土及 9.0g 无水碳酸钠的比例，配制 400mL 基浆，以相同的方法在(25±3)℃下养护 24h，再高速搅拌 5min，得到复合盐水基浆。按 SY/T 5613—2016 的标准测定钻井液的流变参数（塑性黏度、表观黏度）和滤失量。

③ 两性离子聚合物包被剂的包被抑制性

取两份配制好的 4%淡水基浆，边搅拌边分别加入 1.2g（准确至 0.1g）聚合物，加毕，继续搅拌 10min，在(25±3)℃下养护 3h，再搅拌 5min，此即为加试样后的聚合物基浆。

将配好的一份 4%淡水基浆和一份聚合物基浆，放入滚子加热炉，在 160℃下滚动老化

16h 后，待钻井液冷却至(25±3)℃，高速搅拌 5min，按 SY/T 5613—2016 ϕ_{600} 读数并分别记为 ϕ_{600_1}、ϕ_{600_2}；将另外两份 4%淡水基浆和聚合物基浆边搅拌边加入 20.0g 一级膨润土，加毕，继续搅拌 10min，在(25±3)℃下养护 3h 后放入滚子加热炉，于 160℃下热滚 16h，待钻井液冷却至(25±3)℃，高速搅拌 5min，按 SY/T 5613—2016 的标准测定 ϕ_{600} 的读数并记为 ϕ'_{600_1}、ϕ'_{600_2}。按下式计算表观黏度上升率：

$$表观黏度上升率 = \frac{\phi'_{600} - \phi_{600}}{\phi_{600}} \times 100\% \qquad (5.1)$$

本实验用表观黏度上升率评价产物抑制膨润土分散的能力。由上式可以看出，表观黏度上升率越低，聚合物抑制膨润土分散能力越强。

【注意事项】

1. 包被剂的合成步骤中，pH 值要调整到弱碱性，否则会影响反应物的黏度。
2. 反应物的量不能过高，否则容易产生大量的热将丙烯酸等单体带入空气中造成环境污染。

【思考题】

溶液法制备包被剂的过程中，受凝胶效应的影响，单体转化率较低，有什么方法可以提高单体的转化率？

实验 5-2　一种钻井液包被剂的绿色合成方法

【实验目的】

1. 掌握乳液聚合的原理。
2. 了解乳液聚合和溶液聚合的优缺点。

【实验原理】

反相乳液聚合法是把非极性溶剂作为连续相，将单体溶解于水相中，并借助于乳化剂的分散作用将其分散于油相中，然后形成油包水（W/O）型的乳状液而进行聚合。它是一种兼具高聚合速率和高分子量的聚合方法，且其聚合产物与常规的乳液聚合的产物相比，质量更稳定，具有较高的分子量、较窄的分子量分布、高线性度以及良好的水溶性、聚合速率快、反应平稳等优点，应用较为方便，具有广阔的应用前景。作为水基钻井液用处理剂，反相乳液聚合物产品与粉状聚合物产品相比，可以直接加入钻井液中并快速分散，这样可以减少聚合物在烘干、粉碎过程中由于降解、交联等反应造成的不利影响，在达到同样效果的前提下，可以减少处理剂的用量，降低了钻井液的处理费用，并且更加容易实现绿色环保生产。反相纳米乳液包被剂的合成具有重要的研究意义。

【仪器与试剂】

仪器：分析天平、烧杯、量筒、玻璃棒、集热式恒温加热磁力搅拌器、三口烧瓶、铁夹、木塞、聚四氟乙烯搅拌杆、电热鼓风干燥箱、粉碎机、高速搅拌器、黏度计。

试剂：无水硫酸钠、丙烯酰胺、丙烯酸、2-丙烯酰胺-2-丙磺酸、吐温-80（TW-80），司盘-80（SP-80）、氢氧化钠固体、偶氮二异丁脒盐酸盐（引发剂V-50）、氮气。

【实验步骤】

（1）反相乳液的配制

取干燥的100mL烧杯，在电子天平上进行称量，读出烧杯的质量并用标签纸标注，用干净的量筒量取27.78mL蒸馏水，倒入烧杯中，称取1.08g无水硫酸钠（数值通过计算得出），用玻璃棒进行搅拌使无水硫酸钠充分溶解，然后加入9.97g丙烯酰胺（AM），搅拌均匀后用胶头滴管取3.60g丙烯酸（AA）加入水相中，待温度恒定后加入2.07g 2-丙烯酰胺-2-丙磺酸（AMPS），最后加入1.94g氢氧化钠固体，搅拌均匀后静置待用（单体浓度36%）。

根据上述水相配制得到的体积，取相同体积的白油（27.78mL），缓慢倒入250mL烧杯（质量已知）中，分别称取油相、水相烧杯的质量，减去烧杯质量即为水相与油相的质量，乳化剂占总质量的7%，HLB6.5，经计算得到TW-80的理论质量为0.99g，加到油相中的SP-80的质量为3.83g。然后将SP-80/TW-80混合加入白油中，得到油相。

在30℃的恒温水浴中用搅拌器在较低的转速将水相缓慢滴加到油相中，然后搅拌均匀，乳化30min，得到黏度较高的AM/AA/AMPS单体预乳液（待用）。

（2）反相乳液的聚合

将先前制备的预乳液倒入100mL三口烧瓶中，将烧瓶底端置于恒温水浴锅中，上端瓶口用铁夹进行固定，将干净的聚四氟乙烯搅拌杆放入烧瓶中，搅拌杆转叶刚好与烧瓶底部平行，用木塞将烧瓶一口堵住，通入氮气，另一端用木塞塞紧后用玻璃管将氮气导出到装有水的水槽中，保持体系排除氧气的干扰。在通入氮气15min左右后，打开搅拌器，将转速调至360r/min，同时打开水浴锅开关，将温度设定至45℃左右，待水浴锅水温升至45℃左右时，向烧瓶中加入单体比例在0.12%～0.16%的引发剂V-50（或V-65），再继续通氮气30min，关闭氮气阀，密封装置。记录加入引发剂的时间，待充分反应4h后，关闭搅拌器，反应结束。

（3）性能测试

参见实验5-1。

【思考题】

本实验和实验5-1相比有哪些优缺点？

实验5-3　油田化学品中间体——羟甲基磺酸钠的合成

【实验目的】

1. 掌握羟甲基磺酸钠合成的原理。
2. 掌握抽滤和重结晶的正确操作。

【实验原理】

油田开采过程中，某些油田逐步进入中高含水开发阶段后生产井腐蚀结垢严重，有破坏井筒完整性的风险，影响油田高质量发展，研发出同时具有缓蚀、阻垢、耐高温阻垢剂，不仅可以提高井筒的生产效率和安全性，还能降低维护成本。羟甲基磺酸钠是阻垢剂生产中的重要中间体，是由甲醛和亚硫酸氢钠通过加成反应生成的白色固体。

合成羟甲基磺酸钠的反应式如下：

$$HCHO + NaHSO_3 \longrightarrow HOCH_2SO_3Na$$

【仪器与试剂】

仪器：DK-98-1 型电子恒温水浴锅、三口烧瓶、烧杯、玻璃棒、温度计、冷凝管。

试剂：甲醇、甲醛、亚硫酸氢钠。

试剂的物理性质见表 5.1。

表 5.1　试剂的物理性质

名称	分子量	密度/(g/cm³)	熔点/℃	沸点/℃	溶解性	备注
甲醛	30.03	1.081～1.085	—	96	能与水、醇、丙酮混溶	有刺激性气味
甲醇	32.04	0.7915	-97.8	64.7	能与水、乙醇、醚、苯、酮类和其他有机溶剂混溶	有毒，易燃
亚硫酸氢钠	104.07	1.48	—	—	能溶于 3.5 份冷水	有不愉快气味

【实验步骤】

在搅拌下，将 26g 亚硫酸氢钠溶于 20mL 甲醛水溶液中，升温至 75℃，反应 120min。将反应液冷却至室温后倒入烧杯，用玻璃棒慢慢搅拌加入 15mL 甲醇，静置 30min 得白色沉淀，抽滤。再用 15mL 甲醇重结晶，抽滤。于 105℃下干燥，得到羟甲基磺酸钠实验品。测其熔点。

【思考题】

1. 本合成属于哪种类型的反应？
2. 为了提高实验产率，应注意哪些实验细节？

实验 5-4　水泥浆缓蚀剂、阻垢剂、钻井液降黏剂——羟基亚乙基二膦酸（HEDP）的合成

【实验目的】

1. 掌握羟基亚乙基二膦酸的合成原理。
2. 掌握正确的有机溶剂除杂质和除水方法。

【实验原理】

近年来，新型钻井液体系、水泥浆体系相继问世，为石油开采做出了巨大的贡献。但是，有的体系腐蚀性较强，腐蚀是钻具损坏的重要原因之一，羟基亚乙基二膦酸不但有缓蚀、阻垢的作用，还可以调节钻井液的流变性。羟基亚乙基二膦酸是由亚磷酸和乙酰氯反应制得。

合成羟基亚乙基二膦酸的反应式如下：

$$PCl_3 + CH_3COOH \longrightarrow CH_3COCl + H_3PO_3$$

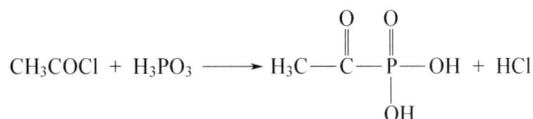

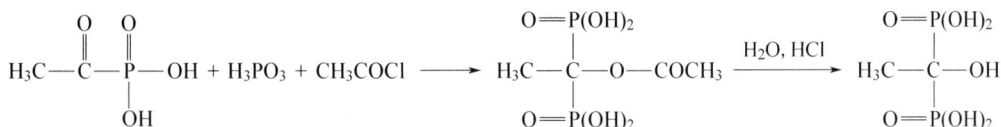

$$PCl_3 + H_2O \longrightarrow H_3PO_3 + HCl$$

$$CH_3COCl + H_3PO_3 \longrightarrow H_3C-\overset{\overset{O}{\|}}{C}-\overset{\overset{O}{\|}}{\underset{\underset{OH}{|}}{P}}-OH + HCl$$

$$H_3C-\overset{\overset{O}{\|}}{C}-\overset{\overset{O}{\|}}{\underset{\underset{OH}{|}}{P}}-OH + H_3PO_3 + CH_3COCl \longrightarrow H_3C-\overset{\overset{O=P(OH)_2}{|}}{\underset{\underset{O=P(OH)_2}{|}}{C}}-O-COCH_3 \xrightarrow{H_2O,\ HCl} H_3C-\overset{\overset{O=P(OH)_2}{|}}{\underset{\underset{O=P(OH)_2}{|}}{C}}-OH$$

【仪器与试剂】

仪器：分析天平、集热式恒温加热磁力搅拌器、电热鼓风干燥箱、三口烧瓶、分液漏斗。

试剂：亚磷酸、乙酰氯、正丁醇、无水硫酸钠、丙酮。

试剂的物理性质见表 5.2。

表 5.2　试剂的物理性质

名称	分子量	密度/(g/cm³)	熔点/℃	沸点/℃	溶解性	备注
亚磷酸	82	1.651	73.6	200	易溶于水	有强吸湿性和潮解性、腐蚀性
乙酰氯	78.5	1.104	-112	51	溶于乙醚、丙酮及苯	有刺激性臭味，易燃，遇水或乙醇引起剧烈分解
正丁醇	74.12	0.8098	-88.9	117.25	微溶于水，溶于乙醇、醚等多数有机溶剂	易燃，有毒，对眼睛有严重伤害
无水硫酸钠	142.04	2.68	884	1404	不溶于乙醇，溶于水、甘油	无毒
丙酮	58.08	0.79	-94.9	56.53	易溶于水和甲醇、乙醇、乙醚、氯仿、吡啶等有机溶剂	易燃、易挥发

【实验步骤】

向三口烧瓶中加入 10.5g 亚磷酸和 15.0g 乙酰氯，在温度为 40℃的低速搅拌条件下反应 1h 后，往三口烧瓶中加入 12.5g 正丁醇，升温到 110℃，继续反应 1h，然后降温至 60℃，加入 2.5g 蒸馏水后水解 0.5h，最后得到合成产物羟基亚乙基二膦酸（HEDP）粗产品，加入丙酮，摇匀，用分液漏斗分离，再用无水硫酸钠干燥，过滤，得到纯的羟基亚乙基二膦酸。

【思考题】

反应产生的氯化氢如何处理？

实验 5-5　黏土防膨剂——四乙基溴化铵的合成

【实验目的】

1. 掌握四乙基溴化铵的合成原理。

2. 掌握正确的重结晶方法。

【实验原理】

低渗透油气储层具有黏土含量高、孔隙喉道半径小、渗透率低等特点。黏土矿物广泛存在于油层中，全世界有97%的油层都不同程度地含有黏土矿物，黏土矿物的水化膨胀和分散运移是造成油气层损害的主要原因之一，在低渗透率储层中使用四乙基溴化铵作为黏土防膨剂，它是一种既能长效稳定黏土颗粒，又能保护储层渗透率的有效途径。四乙基溴化铵是由三乙胺和溴乙烷反应制备。

合成四乙基溴化铵的反应式如下：

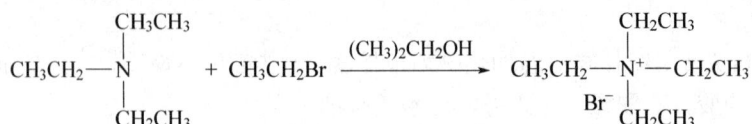

$$
\underset{\substack{\text{CH}_3\text{CH}_3 \\ | \\ \text{CH}_3\text{CH}_2-\text{N} \\ | \\ \text{CH}_2\text{CH}_3}}{} + \text{CH}_3\text{CH}_2\text{Br} \xrightarrow{(\text{CH}_3)_2\text{CH}_2\text{OH}} \underset{\substack{\text{CH}_2\text{CH}_3 \\ | \\ \text{CH}_3\text{CH}_2-\overset{+}{\text{N}}-\text{CH}_2\text{CH}_3 \\ \text{Br}^- | \\ \text{CH}_2\text{CH}_3}}{}
$$

【仪器与试剂】

仪器：分析天平、集热式恒温加热磁力搅拌器、蒸馏装置、球形冷凝管、抽滤装置、电热鼓风干燥箱、三口烧瓶。

试剂：三乙胺、溴乙烷、异丙醇、丙酮。

试剂的物理性质见表5.3。

表5.3　试剂的物理性质

名称	分子量	密度/(g/cm³)	熔点/℃	沸点/℃	溶解性	备注
三乙胺	101.19	0.73	−114.8	89.5	微溶于水，溶于乙醇、乙醚、丙酮等多数有机溶剂	易燃，易爆。有毒，具有强刺激性
溴乙烷	108.97	1.46	−119	38.4	20℃时溶解度为0.914g/100g，能与乙醇、乙醚、氯仿和多数有机溶剂混溶	易挥发，有类似乙醚的气味和灼烧味。露置空气或见光其逐渐变为黄色
异丙醇	60.06	0.79	−88.5	82.45	能与醇、醚、氯仿和水混溶，能溶解于生物碱、橡胶、虫胶、松香、合成树脂等多种有机物和某些无机物，与水形成恒沸物，不溶于盐溶液	常温下可引火燃烧，其蒸气与空气混合易形成爆炸混合物。异丙醇容易产生过氧化物，使用前有时需作鉴定。方法是：取0.5mL异丙醇，加入1mL10%碘化钾溶液和0.5mL 1∶5的稀盐酸及几滴淀粉溶液，振摇1min，若显蓝色或蓝黑色即证明有过氧化物
丙酮	58.08	0.79	−94.9	56.53	易溶于水和甲醇、乙醇、乙醚、氯仿、吡啶等有机溶剂	易燃、易挥发

【实验步骤】

将10.9g溴乙烷用12g异丙醇溶解，于加热回流搅拌下滴加10.1g三乙胺（滴加时间约10min），加完后，继续回流120min。

将反应液降至室温，用适量丙酮进行重结晶，抽滤，烘干，得到四乙基溴化铵实验品。

1. 重结晶的注意事项有哪些？
2. 如果得到的产物有颜色，应该如何处理？

实验 5-6 烯丙基缩水甘油醚的合成

【实验目的】

1. 掌握烯丙基缩水甘油醚的合成原理。
2. 掌握烯丙基型可聚合单体的合成技术。

【实验原理】

烯丙基缩水甘油醚（1-烯丙氧-2,3-环氧丙烷）是一种含不饱和双键和环氧基团的活泼单体，能被广泛应用于精细化工领域。利用其良好的反应性和活泼性，通过加成、水解反应形成用于涂料工业的各种试剂。另外，它还是合成各种表面活性剂的重要中间体。目前在日用精细化工中广泛应用的有机硅表面活性剂具有良好的水溶性和表面活性，就是通过烯丙基缩水甘油醚接枝在氢硅键上制得的。制备烯丙基缩水甘油醚的方法研究得不多，常见于报道的是脂肪族缩水甘油醚的合成。由于烯丙基缩水甘油醚同时含有两个活泼基团，其合成较为困难。脂肪族缩水甘油醚的合成方法有一步法和两步法。一步法是指醇和环氧氯丙烷在浓碱作用下一步反应，开环醚化与脱氯化氢同时进行，这种方法形成的环氧低聚物较多，产率较低，因而不常使用。该方法采用三氟化硼的乙醚络合物催化脂肪醇和环氧氯丙烷合成脂肪族缩水甘油醚。其合成路线如下：

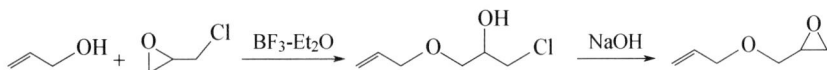

【仪器与试剂】

仪器：三口烧瓶、减压蒸馏装置、集热式恒温加热磁力搅拌器。

试剂：烯丙醇、三氟化硼乙醚络合物（47%）、40%氢氧化钠溶液、环氧氯丙烷、冰块、无水硫酸钠、氨水。

【实验步骤】

（1）在 500mL 三口烧瓶中加入烯丙醇 58g（1mol）和 7mmol 三氟化硼乙醚络合物，搅拌均匀后将反应液预热至 50～55℃，搅拌下将 1.2mol 环氧氯丙烷在 30min 内滴入上述反应液中，在 40～55℃反应 5h 后用氨水中和反应液至中性，减压蒸馏，收集 100～102℃/2.66kPa 的馏分。

（2）在 500mL 三口烧瓶中加入上步产物 150g（1mol），用冰水浴降温至 15℃左右，搅拌下滴加一定量的 40%NaOH 水溶液，滴完后控温至 30～40℃反应 4h。静置，分出油层，水层用无水 Na_2SO_4 干燥，将滤液蒸馏除去乙醚，减压蒸馏收集 65～66℃/5.32kPa 的馏分，即为烯丙基缩水甘油醚产物。

【思考题】

1. 简述氢氧化钠浓度及用量对目标产物结果的影响。
2. 简述原料摩尔比对目标产物的影响。

实验 5-7　乙酰二茂铁的制备

【实验目的】

1. 学习 Friedel-Crafts 酰化法制备芳酮的原理和方法。
2. 进一步巩固重结晶提纯的操作。

【实验原理】

二茂铁及其衍生物是一类很稳定而且具有芳香性的有机过渡金属络合物。二茂铁是橙色的固体，又名双环戊二烯基铁，由两个环戊二烯基负离子和一个二价铁离子键合而成，具有夹心型结构。二茂铁及其衍生物可作为火箭燃料的添加剂、汽油的抗爆剂、硅树脂和橡胶的防老剂及紫外线吸收剂等。

二茂铁具有类似于苯的芳香性，其茂基环上能发生多种取代反应，特别是亲电取代反应（例如 Friedel-Crafts 反应）比苯更容易发生。因而，二茂铁与乙酸酐反应可制得乙酰二茂铁，但根据反应条件的不同形成的产物可以是单乙酰基取代物或双乙酰基取代物。相关反应式如下：

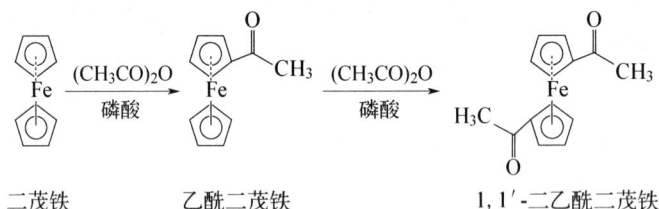

二茂铁　　　　　　　乙酰二茂铁　　　　　　1,1'-二乙酰二茂铁

由于二茂铁分子中存在亚铁离子，对氧化的敏感限制了它在合成中的应用，如不能用混酸对其硝化。

【仪器与试剂】

仪器：圆底烧瓶、滴管、干燥管、烧杯、加热装置、抽滤装置。

试剂：二茂铁、乙酸酐、浓磷酸、无水氯化钙、冰块、碳酸氢钠、石油醚。

【实验步骤】

在 100mL 圆底烧瓶中，加入 1g 二茂铁和 10mL 乙酸酐，在振荡下用滴管慢慢加入 2mL 85%磷酸。投料毕，用装有无水氯化钙的干燥管塞住瓶口，沸水浴上加热 15min，并加以振荡。将反应混合物倾入盛有 40g 碎冰的 400mL 烧杯中，并用 10mL 冷水涮洗烧瓶，将涮洗液并入烧杯。在搅拌下，分批加入固体碳酸氢钠（约需 20～25g），到溶液呈中性为止（要避免溶液溢出和碳酸氢钠过量）。将中和后的反应混合物置于冰水浴中冷却 15min，抽滤收集析出的橙黄色固体，每次用 40mL 冰水洗两次，压干后在空气中干燥，用石油醚（60～90℃）重结晶，产物约 0.3g，熔点为 84～85℃。

【注意事项】

1. 药品加入顺序为二茂铁、乙酸酐、磷酸，不可颠倒。
2. 滴加磷酸时一定要在振摇下用滴管慢慢加入。
3. 烧瓶要干燥，反应时应用干燥管，避免空气中的水进入烧瓶内。
4. 用碳酸氢钠中和粗产物时，应小心操作，防止因加入过快使产物溢出。
5. 乙酰二茂铁在水中有一定的溶解度，洗涤时应用冰水，洗涤次数和用水量不可太多。

【思考题】

1. 为什么合成乙酰二茂铁时其装置要用干燥管进行保护？
2. 二茂铁比苯更容易发生亲电取代反应，为什么不用混酸进行硝化？
3. 二茂铁酰化形成二酰基二茂铁时，第二个酰基为什么不能进入第一个酰基所在的环上？

附录

附录1 常用有机溶剂的纯化方法

1. 甲醇

工业甲醇（CH_3OH）含水量在 0.5%～1%，含醛酮（以丙酮计）约 0.1%。由于甲醇和水不形成恒沸物，因此可用高效精馏柱将少量水除去。精制甲醇中含水 0.1%，含丙酮 0.02%，一般已可应用。若需含水量低于 0.1%，可用 3A 分子筛干燥，也可用镁处理（见绝对乙醇的制备）。若要除去含有的羰基化合物，可在 500mL 甲醇中加入 25mL 糠醛和 60mL10%NaOH 溶液，回流 6～12h，即可分馏出无丙酮的甲醇，丙酮与糠醛生成树脂状物留在瓶内（纯甲醇的沸点为 64.95℃，n_D^{20} 为 1.3288，d_4^{20} 为 0.7914）。甲醇为一级易燃液体，应贮存于阴凉通风处，注意防火。甲醇可经皮肤进入人体，饮用或吸入蒸气会刺激视神经及视网膜，导致眼睛失明，甚至死亡。人的半致死量 LD_{50} 为 13.5g/kg，经口服甲醇的致死量 LD 为 1g/kg，15mL可致失明。

2. 乙醇

工业乙醇（CH_3CH_2OH）含量为 95.5%，含水 4.4%，乙醇与水形成恒沸物，不能用一般分馏法去水。实验室常用生石灰为脱水剂，乙醇中的水与生石灰作用生成氢氧化钙可去除水分，蒸馏后可得含量约 99.5% 的无水乙醇。如需绝对乙醇，可用金属钠或金属镁将无水乙醇进一步处理，得到纯度可超过 99.95% 的绝对乙醇。

（1）无水乙醇（含量 99.5%）的制备

在 500mL 圆底烧瓶中，加入 95%乙醇 200mL 和生石灰 50g，放置过夜。然后在水浴上回流 3h，再将乙醇蒸出，得含量约 99.5% 的无水乙醇。

另外可利用苯、水和乙醇形成低恒沸物的性质，将苯加入乙醇中，进行分馏，在 64.9℃时蒸出苯、水、乙醇的三元恒沸物，多余的苯在 68.3℃与乙醇形成二元恒沸物被蒸出，最后蒸出乙醇。工业多采用此法。

（2）绝对乙醇（含量 99.95%）的制备

① 用金属镁制备　在 250mL 的圆底烧瓶中，放置 0.6g 干燥洁净的镁条和几小粒碘，加入 10mL 99.5%的乙醇，装上球形冷凝管。在冷凝管上端附加一只氯化钙干燥管，在水浴上加热，注意观察在碘周围的镁的反应，碘的棕色减退，镁周围变浑浊，并伴随着氢气的放出，至碘粒完全消失（如不起反应，可再补加小粒碘）。然后继续加热，待镁条完全溶解后加入 100mL 99.5%的乙醇和几粒沸石，继续加热回流 1h，改为蒸馏装置蒸出乙醇，所得乙醇纯度可超过 99.95%。

② 用金属钠制备　在 500mL 99.5%乙醇中，加入 3.5g 金属钠，安装球形冷凝管和干燥管，加热回流 30min 后，再加入 14g 邻苯二甲酸二乙酯或 13g 草酸二乙酯，回流 2～3h，然后进行蒸馏。金属钠虽能与乙醇中的水作用，产生氢气和氢氧化钠，但所生成的氢氧化钠又与乙醇发生反应，因此单独使用金属钠不能完全除去乙醇中的水，须加入过量的高沸点酯，如邻苯二甲酸二乙酯与生成的氢氧化钠作用，抑制上述反应，从而达到进一步脱水的目的。反应方程式为：

$$C_2H_5ONa + H_2O \rightleftharpoons C_2H_5OH + NaOH$$

$$2Na+2C_2H_5OH \longrightarrow 2C_2H_5ONa+H_2\uparrow$$

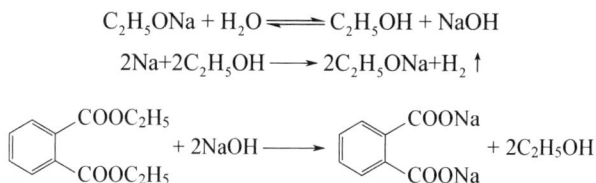

由于乙醇有很强的吸湿性，故仪器必须烘干，并尽量快速操作，以防吸收空气中的水分。纯乙醇的沸点为 78.5℃，n_D^{20} 为 1.3611，d_4^{20} 为 0.7893。乙醇为一级易燃液体，应存放在阴凉通风处，远离火源。乙醇可通过口腔、胃壁黏膜吸入，对人体产生刺激作用，引起酩酊、睡眠和麻醉作用。严重时引起恶心、呕吐甚至昏迷。人的半致死量 LD_{50} 为 13.7g/kg。

3. 乙醚

普通乙醚（$CH_3CH_2OCH_2CH_3$）中常含有一定量的水、乙醇及少量过氧化物等杂质。制备无水乙醚，首先要检验有无过氧化物。为此，取少量乙醚与等体积的 2%碘化钾溶液，加入几滴稀盐酸一起振摇，所得溶液若能使淀粉溶液呈紫色或蓝色，即证明有过氧化物存在。然后除去过氧化物可在分液漏斗中加入普通乙醚和相当于乙醚体积 1/5 新配制的硫酸亚铁溶液，剧烈摇动后分去水溶液。再用浓硫酸及金属钠作干燥剂，所得无水乙醚可用于 Grignard 反应。

在 250mL 圆底烧瓶中，放置 100mL 除去过氧化物的普通乙醚和几粒沸石，装上球形冷凝管。冷凝管上端通过一带有侧槽的软木塞，插入盛有 10mL 浓硫酸的滴液漏斗。通入冷凝水，将浓硫酸慢慢滴入乙醚中。由于脱水发热，乙醚会自行沸腾。加完后摇动反应瓶。

待乙醚停止沸腾后，拆下球形冷凝管，改成蒸馏装置回收乙醚。在收集乙醚的接引管支管上连一氯化钙干燥管，用与干燥管连接的橡胶管把乙醚蒸气导入水槽。在蒸馏瓶中补加沸石后，用事先准备好的热水浴加热蒸馏，蒸馏速度不宜太快，以免乙醚蒸气来不及冷凝而逸散室内。收集约 70mL 乙醚，待蒸馏速度显著变慢时，可停止蒸馏。瓶内所剩残液，倒入指定的回收瓶中，切不可将水加入残液中（飞溅）。

将收集的乙醚倒入干燥的锥形瓶中，将钠块迅速切成极薄的钠片加入，然后用带有氯化钙干燥管的软木塞塞住，或在木塞中插入末端拉成毛细管的玻璃管，这样可防止潮气侵入，并可使产生的气体逸出，放置 24h 以上，使乙醚中残留的少量水和乙醇转化成氢氧化钠和乙醇钠。如不再有气泡逸出，同时钠的表面较好，则可储存备用。如放置后，金属钠表面已全部发生作用，则须重新加入少量钠片直至无气泡发生。这种无水乙醚可符合一般无水要求。另外也可用无水氯化钙浸泡几天后，用金属钠干燥以除去少量的水和乙醇（纯乙醚的沸点为 34.51℃，n_D^{20} 为 1.3526，d_4^{20} 为 0.71378）。

乙醚为一级易燃液体，由于沸点低、闪点低、挥发性大，储存时要避免日光直射，远离热源，注意通风，并加入少量氢氧化钾以避免过氧化物的形成。乙醚对人有麻醉作用，当吸入含乙醚3.5%（体积分数）的空气时，30～40min 就可失去知觉。大鼠经口半致死量 LD_{50} 为 3.56g/kg。

4. 丙酮

普通丙酮（CH_3COCH_3）含有少量水及甲醇、乙醛等还原性杂质，可用下列方法精制。

在 100mL 丙酮中加入 2.5g 高锰酸钾回流，以除去还原性杂质，若高锰酸钾紫色很快消失，须再补加少量高锰酸钾继续回流，直至紫色不再消失为止。蒸出丙酮，用无水碳酸钾或无水硫酸钙干燥，过滤，蒸馏，收集 55～56.5℃馏分（纯丙酮的沸点为 56.2℃，n_D^{20} 为 1.3588，d_4^{20} 为 0.7899）。

丙酮为常用溶剂、一级易燃液体，沸点低，挥发性大，应置阴凉处密封储存，严禁火源。虽丙酮毒性较低，但长时期处于丙酮蒸气中也能引起不适症状，蒸气浓度为 4000×10^{-6} 时，60min 后会呈现头痛、昏迷等中毒症状，脱离丙酮蒸气后恢复正常。

5. 石油醚

石油醚是石油的低沸点馏分，为低级烷烃的混合物，按沸程不同分为 30～60℃、60～90℃、90～120℃类。主要成分为戊烷、己烷、庚烷，此外含有少量不饱和烃、芳烃等杂质。精制方法：在分液漏斗中加入石油醚及其体积 1/10 的浓硫酸一起振摇，除去大部分不饱和烃。然后用 10%硫酸配成的高锰酸钾饱和溶液洗涤，直到水层中紫色消失为止，再经水洗，用无水氯化钙干燥后蒸馏。石油醚为一级易燃液体。大量吸入石油醚蒸气有麻醉症状。

6. 苯

普通苯（C_6H_6）含有少量水（约 0.02%）及噻吩（约 0.15%）。若需无水苯，可用无水氯化钙干燥过夜，过滤后压入钠丝。

无噻吩苯可根据噻吩比苯容易磺化的性质，用下述方法纯化。在分液漏斗中，将苯和相当于其体积 10%的浓硫酸在室温下一起振摇，静置混合物，弃去底层的酸液，再加入新的浓硫酸，重复上述操作直到酸层呈无色或淡黄色，且检验无噻吩为止。苯层依次用水、10%碳酸钠溶液、水洗涤，再用无水氯化钙干燥，蒸馏，收集 80℃馏分备用。若要高度干燥的苯，可压入钠丝或加入钠片干燥。

噻吩的检验：取 5 滴苯于试管中，加入 5 滴浓硫酸及 1～2 滴 1%靛红（浓硫酸溶液），振摇片刻，如呈墨绿色或蓝色，表示有噻吩存在（纯苯的沸点为 80.1℃，n_D^{20} 为 1.5011，d_4^{20} 为 0.87865）。

苯为一级易燃品。苯的蒸气对人体有强烈的毒性，以损害造血器官与神经系统最为显著，症状为白细胞降低、头晕、失眠、记忆力减退等。

7. 乙酸

乙酸（CH_3COOH）可与水混溶，在常温下是一种有强烈刺激性酸味的无色液体。将乙酸冻结出来可得到很好的精制效果，若加入 2%～5%高锰酸钾溶液并煮沸 2～6h 更好。微量的水可用五氧化二磷干燥除去。由于乙酸不易被氧化，故常作氧化反应的溶剂（纯乙酸的熔点为 16.5℃，沸点为 117.9℃，n_D^{20} 为 1.3716，d_4^{20} 为 1.0492）。

乙酸具有腐蚀性，切勿接触皮肤，尤其不要溅入眼内，否则应立即用大量水冲洗，严重者应去医院医治。

8. 氯仿

氯仿（三氯甲烷，$CHCl_3$）露置于空气和光照下，与氧缓慢作用，分解产生光气、氯和氯化氢等有毒物质。普通氯仿中加有 0.5%～1%的乙醇作稳定剂，以便与产生的光气作用转变成碳酸乙酯而消除毒性。纯化方法：可将氯仿与其体积 1/2 的水在分液漏斗中振摇 5～6 次，以洗去乙醇，将分出的氯仿用无水氯化钙干燥24h，再进行蒸馏，收集60.5～61.5℃馏分。纯品应装在棕色瓶内，置于暗处避光保存。氯仿绝对不能用金属钠干燥，因易发生爆炸（纯氯仿的沸点为61.7℃，n_D^{20}为1.4459，d_4^{20}为1.4832）。

氯仿具有麻醉性，长期接触易损坏肝脏。液体氯仿接触皮肤有很强的脱脂作用，产生损伤，进一步接触会引起皮炎。但本品不燃烧，在高温与明火或红热物体接触会产生剧毒的光气和氯化氢气体，应置阴凉处密封储存。

9. N,N-二甲基甲酰胺

N,N-二甲基甲酰胺[DMF，HCON(CH$_3$)$_2$]中主要杂质是胺、氨、甲醛和水。该化合物与水形成HCON(CH$_3$)$_2$·2H$_2$O，在常压蒸馏时会部分分解，产生二甲胺和一氧化碳，有酸或碱存在时分解加快。精制方法：可用硫酸镁、硫酸钙、氧化钡或硅胶、4A分子筛干燥，然后减压蒸馏收集76℃/4.79kPa（36mmHg）馏分。如果含水较多时，可加入10%（体积分数）的苯，常压蒸去水和苯后，用无水硫酸镁或氧化钡干燥，再进行减压蒸馏（纯二甲基甲酰胺的沸点为153.0℃，n_D^{20}为1.4305，d_4^{20}为0.9487）。

精制后的二甲基甲酰胺有吸湿性，最好放入分子筛后，密封避光储存。二甲基甲酰胺为低毒类物质，对皮肤和黏膜有轻度刺激作用，并经皮肤吸收。

10. 二甲基亚砜

二甲基亚砜（DMSO，CH$_3$SCH$_3$）是高极性的非质子溶剂，一般含水量约1%，另外还含有微量的二甲硫醚及二甲砜。常压加热至沸腾可部分分解。要制备无水二甲基亚砜，可先进行减压蒸馏，然后用4A分子筛干燥；也可用氧化钙、氢化钙、氧化钡或无水硫酸钡来搅拌干燥4～8h，再减压蒸馏收集64～65℃/533Pa（4mmHg）馏分。蒸馏时温度不高于90℃，否则会发生歧化反应，生成二甲砜和二甲硫醚。也可用部分结晶的方法纯化（纯二甲基亚砜的熔点为18.5℃，沸点为189℃，n_D^{20}为1.4770，d_4^{20}为1.1100）。

二甲基亚砜易吸湿，应放入分子筛储存备用。二甲基亚砜与某些物质混合时可能发生爆炸，例如氢化钠、高碘酸或高氯酸镁等，应予以注意。

11. 二硫化碳

二硫化碳（CS$_2$）因含有硫化氢、硫黄和硫氧化碳等杂质而有恶臭味。一般有机合成实验中对二硫化碳要求不高，可在普通二硫化碳中加入少量研碎的无水氯化钙，干燥后滤去干燥剂，然后在水浴中蒸馏收集。

若要制得较纯的二硫化碳，则需将试剂级的二硫化碳用0.5%高锰酸钾水溶液洗涤3次，除去硫化氢，再用汞不断振荡除去硫，最后用2.5%硫酸汞溶液洗涤，除去所有恶臭味（剩余的硫化氢），再经氯化钙干燥，蒸馏收集（纯二硫化碳的沸点为46.25℃，n_D^{20}为1.63189，d_4^{20}为1.2661）。其纯化过程的反应式如下：

$$3H_2S + 2KMnO_4 \longrightarrow 2MnO_2 + 3S + 2H_2O + 2KOH$$
$$Hg + S \longrightarrow HgS$$
$$HgSO_4 + H_2S \longrightarrow HgS + H_2SO_4$$

二硫化碳为有较高毒性的液体，能使血液和神经中毒，它具有高度的挥发性和易燃性，所以使用时必须十分小心，避免接触其蒸气。

12. 四氢呋喃

四氢呋喃（C$_4$H$_8$O）系具乙醚气味的无色透明液体，市售的四氢呋喃常含有少量水分及过氧化物。如要制得无水四氢呋喃可与氢化铝锂在隔绝潮气和氮气气氛下回流（通常 1000mL 需约 2~4g 氢化铝锂）除去其中的水和过氧化物，然后在常压下蒸馏，收集 67℃ 的馏分。精制后的四氢呋喃应加入钠丝并在氮气气氛中保存，如需较久放置，应加 0.025%4-甲基-2, 6-二叔丁基苯酚作抗氧剂。处理四氢呋喃时，应先用小量进行试验，以确定只有少量水和过氧化物，作用不致过于猛烈时，方可进行。

四氢呋喃中的过氧化物可用酸化的碘化钾溶液来检验，如有过氧化物存在，则会立即出现游离碘的颜色，这时可加入 0.3% 的氯化亚铜，加热回流 30min，蒸馏，以除去过氧化物，也可以加硫酸亚铁处理，或让其通过活性氧化铝来除去过氧化物（纯四氢呋喃的沸点为 67℃，n_D^{20} 为 1.4050，d_4^{20} 为 0.8892）。

13. 1,2-二氯乙烷

1,2-二氯乙烷（$ClCH_2CH_2Cl$）为无色油状液体，有芳香味，与水形成恒沸物，沸点为 72℃，其中含 81.5% 的 1,2-二氯乙烷。可与乙醇、乙醚、氯仿等相混溶。在结晶和提取时是极有用的溶剂，比常用的含氯有机溶剂更为活泼。一般纯化时可依次用浓硫酸、水、稀碱溶液和水洗涤，用无水氯化钙干燥或加入五氧化二磷分馏即可（纯 1,2-二氯乙烷的沸点为 83.4℃，n_D^{20} 为 1.4448，d_4^{20} 为 1.2531）。

1,2-二氯乙烷易燃，有着火的危险性。可经呼吸道、皮肤和消化道吸收，在体内的代谢产物 2-氯乙醇和氯乙酸均比 1,2-二氯乙烷本身的毒性大。1,2-二氯乙烷属高毒类，对眼及呼吸道有刺激作用，其蒸气可使动物角膜混浊，吸入可引起脑水肿和肺水肿，并能抑制中枢神经系统、刺激胃肠道和引起心血管系统和肝肾损害，皮肤接触后可致皮炎。

14. 二氯甲烷

二氯甲烷（CH_2Cl_2）为无色挥发性液体，微溶于水，能与醇、醚混溶。与水形成恒沸物，含二氯甲烷 98.5%，沸点为 38.1℃。

二氯甲烷中往往含有一氯甲烷、二氯甲烷、三氯甲烷和四氯化碳等。纯化时，先用浓度为 5% 的氢氧化钠溶液或碳酸钠溶液洗 1 次，再用水洗 2 次，用无水氯化钙干燥 24h，最后蒸馏，在有 3A 分子筛的棕色瓶中避光储存（纯二氯甲烷的沸点为 39.7℃，n_D^{20} 为 1.4241，d_4^{20} 为 1.3167）。二氯甲烷有麻醉作用，并损害神经系统，与金属钠接触易发生爆炸。

15. 二氧六环

二氧六环[1,4-二噁烷，$O(CH_2CH_2)_2O$]能与水任意混合，常含有少量二乙醇缩醛与水，久储的二氧六环可能含有过氧化物（用氯化亚锡回流除去）。二氧六环的纯化方法：在 500mL 二氧六环中加入 8mL 浓盐酸和 50mL 水配制的溶液，回流 6~10h，在回流过程中，慢慢通入氮气以除去生成的乙醛。冷却后，加入固体氢氧化钾，直到不能再溶解为止，分去水层，再用固体氢氧化钾干燥 24h。然后过滤，在金属钠存在下加热回流 8~12h，最后在金属钠存在下蒸馏，加入钠丝密封保存。精制过的二氧六环应当避免与空气接触（纯二氧六环的熔点为 12℃，沸点为 101.5℃，n_D^{20} 为 1.4424，d_4^{20} 为 1.0336）。

二氧六环与空气混合可爆炸，爆炸极限为 2%~22.5%（体积分数）。对皮肤有刺激性，有毒，大鼠腹注 LD_{50} 为 7.99g/kg，小鼠经口 LD_{50} 为 57g/kg。

16. 四氯化碳

四氯化碳（CCl_4）微溶于水，可与乙醇、乙醚、氯仿及石油醚等混溶。四氯化碳含 4% 二硫化碳，含微量乙醇。纯化时，可将 1000mL 四氯化碳与 60g 氢氧化钾溶于 60mL 水和 100mL

乙醇（配制）的溶液，在 50～60℃时振摇 30min，然后水洗，再将此四氯化碳按上述方法再重复操作一次（氢氧化钾的用量减半），最后将四氯化碳用氯化钙干燥，过滤，蒸馏收集 76.7℃馏分。不能用金属钠干燥，因有爆炸危险（纯四氯化碳的沸点为 76.8℃，n_D^{20} 为 1.4603，d_4^{20} 为 1.595）。

四氯化碳为无色、易挥发、不易燃的液体，具氯仿的微甜气味。遇火或炽热物可分解为二氧化碳、氯化氢、光气和氯气等。其麻醉性比氯仿小，但对心、肝、肾的毒性强。饮入 2～4mL 四氯化碳也能致死。刺激咽喉，可引起咳嗽、头痛、呕吐，而后呈现麻醉作用，昏睡，最后肺出血而死。

17. 甲苯

甲苯（$C_6H_5CH_3$）不溶于水，可混溶于苯、醇、醚等多数有机溶剂。甲苯与水形成恒沸物，在 84.1℃，含 81.4%的甲苯沸腾。甲苯中含甲基噻吩，处理方法与苯相同。因为甲苯比苯更易磺化，用浓硫酸洗涤时温度应控制在 30℃以下（纯甲苯的沸点为 110.6℃，n_D^{20} 为 1.44969，d_4^{20} 为 0.8669）。甲苯为易燃品，甲苯在空气中的爆炸极性为 1.27%～7%（体积分数）。毒性比苯小，大鼠经口 LD_{50} 为 50g/kg。

18. 正己烷

正己烷（C_6H_{14}）为无色易挥发液体，与醇、醚和三氯甲烷混溶，不溶于水。正己烷常含有一定量的苯和其他烃类，用下述方法进行纯化：加入少量的发烟硫酸进行振摇，分出酸层，再加发烟硫酸振摇。如此反复，直至酸层的颜色呈淡黄色。依次用浓硫酸、水、2%氢氧化钠溶液洗涤，再用水洗涤，用氢氧化钾干燥后蒸馏（纯正己烷的沸点为 68.7℃，n_D^{20} 为 1.3748，d_4^{20} 为 0.6593）。

正己烷在空气中的爆炸极限为 1.1%～8%（体积分数）。正己烷属低毒类，但其毒性较新己烷大，且具有高挥发性、高脂溶性，并有蓄积作用。毒性作用为对中枢神经系统的轻度抑制作用、对皮肤黏膜的刺激作用。长期接触可致多发性周围神经病变。大鼠经口 LD_{50} 为 24～29mL/kg。吸入正己烷，有恶心、头痛、眼及咽刺激症状，出现眩晕、轻度麻醉。经口中毒可出现恶心、呕吐等消化道刺激症状及急性支气管炎，摄入 50g 可致死。溅入眼内可引起结膜刺激症状。

附录 2　常见有机化合物的定性鉴别

近年来，由于各种现代化仪器用于分离和分析，有机化学的实验方法发生了根本性变化。但是，化学分析仍然是每一位化学工作者必须掌握的基本知识和操作技巧。在实验中，往往需要在很短的时间内用较少的量对实验方法及反应进度做出判断，以保证实验的顺利进行。经典的有机系统定性分析，包括物理化学性质的初步鉴定、物理常数的测定、元素分析、溶解度测定、酸碱反应实验、分类实验，后者包括各种官能团实验和衍生物制备等。该书主要就常见的一些定性方法进行介绍。

1. 溴的四氯化碳溶液检验烯烃和炔烃

烯烃分子中含 C＝C 双键，能与溴发生加成反应，使溴的红棕色消失，因此在实验室中常用溴与烯烃的加成反应对烯烃进行定性和定量分析。如用 5%溴的四氯化碳溶液和烯烃反应，当在烯烃中滴入溴溶液后，红棕色马上消失，表明发生了加成反应。据此，可鉴别烯烃。

2. 高锰酸钾溶液检验烯烃和炔烃

烯烃分子中含 C≡C 双键，能被高锰酸钾溶液氧化，如果用冷、稀的中性高锰酸钾溶液为氧化剂，得到顺式邻二醇。如果用较强烈的反应条件，即酸性、碱性或加热，则得到氧化裂解产物。将高锰酸钾的稀水溶液滴加到烯烃中，高锰酸钾溶液的紫色会褪去，由于 Mn^{7+} 被还原成 MnO_3^-，MnO_3^- 很不稳定，歧化为 MnO_4^- 和 MnO_2，因此在反应时能见到 MnO_2 沉淀生成。可以根据上述实验现象来鉴定烯烃（除烯烃外，很多化合物也能被氧化，有干扰反应时慎用）。

3. 铜氨溶液鉴别末端炔烃

末端炔烃含有活泼氢，可与铜氨溶液反应生成炔化铜沉淀。据此可鉴别末端炔烃类化合物。炔化铜干燥后，经撞击会发生强烈爆炸，生成金属铜和碳。故在反应结束时，应加入 1:1 稀硝酸使之分解。

4. 硝酸银氨溶液鉴别末端炔烃

末端炔烃含有活泼氢，可与硝酸银氨溶液反应生成炔化银白色沉淀。据此可鉴别末端炔烃类化合物。注意：炔化银干燥后，经撞击会发生强烈爆炸，生成金属银和碳。故在反应结束时，应加入稀硝酸使之分解。

5. 硝酸银–乙醇溶液检验卤代烃

卤代烃与硝酸银的乙醇溶液反应，生成硝酸酯和卤化银沉淀。不同的卤化银沉淀颜色不同：氯化银为白色，溴化银为浅黄色，碘化银为黄色。不同的卤代烃在该反应中的速率不同，一般来讲，具有相同烃基结构的卤代烃，反应活性次序是 RI＞RBr＞RCl。而卤原子相同，烃基结构不同时，反应活性次序是苯甲型、烯丙型＞三级＞二级＞一级＞苯型、乙烯型。综合考虑，苯甲型、烯丙型卤代烃与硝酸银的醇溶液反应最迅速，碘代烷和三级卤代烃在室温下可与硝酸银的醇溶液反应生成卤化银沉淀。一级、二级溴代烷和氯代烷则需要温热几分钟才能生成卤化银沉淀。苯型、乙烯型、偕二卤代烃和偕三卤代烃不与硝酸银的醇溶液反应。因此可以根据卤化银沉淀的颜色和它们生成的快慢来鉴别卤代烃。

6. 酰氯检验醇

酰氯与醇反应能生成有香味的酯。根据反应中是否有水果香味逸出可鉴别醇类化合物。

7. 硝酸铈铵试剂检验 10 个碳以下的醇

不超过 10 个碳的醇能与硝酸铈铵反应，形成的络合物显红色或橙红色。根据反应中的颜色变化可以鉴别小分子醇类化合物。

8. 吐伦试剂鉴别醛和酮

吐伦试剂是银氨离子，即 $[Ag(NH_3)_2]^+$（硝酸银的氨水溶液），它与醛反应时，醛被氧化成酸，银离子被还原成银，附着在试管壁上形成银镜，因此称该反应为银镜反应。吐伦试剂与酮不发生上述反应，所以此实验可区别醛和酮。

9. 2,4-二硝基苯肼检验醛和酮

醛或酮与胺的衍生物反应生成的产物多半是有特殊颜色的固体，它们很容易结晶，并具有一定的熔点，所以经常用来鉴别醛酮。最常用的鉴定醛或酮的一个反应是 2,4-二硝基苯肼与醛、酮的羰基发生亲核加成反应。该反应生成的产物为黄色、橙色或红色沉淀。

10. 菲林试剂鉴别脂肪醛

菲林试剂（Fehling reagent）能将醛氧化成酸。菲林试剂是由硫酸铜溶液（菲林试剂 A）

和含碱的酒石酸盐溶液（菲林试剂 B）等量混合配制而成的。混合时硫酸铜的铜离子和碱性酒石酸钾钠形成深蓝色铜络离子溶液。与醛反应时铜络离子被还原成为红色的氧化亚铜，从溶液中沉淀出来，蓝色消失，而醛被氧化成酸。菲林试剂氧化脂肪醛速率较快，但不与芳香醛和简单酮反应（α-羟基酮、α-酮醛可被还原）。利用实验中的颜色变化，利用醛和酮、脂肪醛和芳香醛氧化性能的区别，可以很迅速地鉴别醛和酮及脂肪醛和芳香醛。

11. 碘仿反应鉴别甲基酮

甲基酮与次碘酸钠反应会生成碘仿，因此，该反应称为碘仿反应，在 NaOH 溶液中产生黄色沉淀物，可根据此实验现象判断反应是否发生。因此实验室中，常用碘仿反应来鉴别甲基酮类化合物。

12. 苯酚与溴水反应鉴别苯酚

苯酚的溴化反应是鉴别苯酚的一个特征性反应，生成的沉淀物为2,4,4,6-四溴环己二烯酮。例如苯酚与溴水反应生成邻、对位全被取代的三溴苯酚，但反应并不到此为止，还继续反应，生成无色的溴化环己二烯酮沉淀。此化合物经亚硫酸氢钠溶液洗涤后，被还原成三溴苯酚。

13. 用苦味酸鉴别有机碱，鉴别芳香烃

苦味酸顾名思义是有苦味的酸，用水重结晶得黄色片状结晶，熔点为 123℃，是一个有毒的化合物。苦味酸与有机碱反应生成难溶的盐，熔点敏锐，故在有机分析中，常用以鉴别有机碱，根据熔点数据可以确定碱是什么化合物。苦味酸与稠环芳烃可定量地形成有颜色的分子化合物，它也叫 π 络合物或电荷转移络合物（charge transfer complexes）。这种络合物都是很好的结晶体，有一定的熔点，故在有机分析中，苦味酸主要用于鉴定芳香烃。

14. 用三氯化铁检验酚和烯醇

大多数酚及烯醇类化合物能与三氯化铁溶液发生反应生成络合物。不同的酚和烯醇类化合物生成的络合物呈现不同的特征颜色，一般来讲，酚类主要生成蓝、紫、绿色的络合物，烯醇类化合物主要生成红褐色和红紫色的络合物。根据反应过程中的颜色变化可以鉴别它们。

15. 用苯酚鉴别亚硝酸盐

对亚硝基苯酚与苯酚的缩合反应鉴别亚硝酸盐，对亚硝基苯酚在浓硫酸中可与苯酚缩合，形成绿色的靛酚硫酸氢盐。此反应液用水稀释，则可变成红色，再加入氢氧化钠，又转变成深蓝色。这一系列的颜色变化可以用来鉴别亚硝酸盐（先与苯酚反应生成对亚硝基苯酚）。

16. 兴斯堡反应区别一、二、三级胺

一、二、三级胺与磺酰氯的反应称为 Hinsberg（兴斯堡）反应。Hinsberg 反应可以在碱性条件下进行。苯磺酰氯与一级胺反应产生的苯磺酰胺，氮上还有一个氢，因受磺酰基影响，具有弱酸性，可以溶于碱成盐；苯磺酰氯与二级胺反应生成的 *N,N*-二取代苯磺酰胺因氮上无氢，没有酸性，不能溶于氢氧化钠溶液。

17. 用糖脎鉴别糖

在早年研究糖时遇到的最大困难是糖很难结晶，易成为浆状物质。费歇尔用氨基脲、苯肼等试剂与糖缩合，形成结晶化合物，便于提纯，再分解得回纯的糖，其中最重要的是苯肼与糖的反应产物——糖脎（osazone）。糖脎为黄色结晶，不同糖的脎结晶形状不同，熔点不同，生成时间不同，因此可以用于鉴别糖。这个反应，在早年费歇尔研究糖的构型时起着关键性的作用。

18. 茚三酮试验鉴别氨基酸

凡是有游离氨基的氨基酸都可以和茚三酮发生反应生成紫色的物质。

附录 3 常见有机化合物极性

化合物名称	极性	黏度	沸点	吸收波长
i-pentane（异戊烷）	0	—	30	—
n-pentane（正戊烷）	0	0.23	36	210
petroleum ether（石油醚）	0.01	0.3	30～60	210
hexane（己烷）	0.06	0.33	69	210
cyclohexane（环己烷）	0.1	1	81	210
isooctane（异辛烷）	0.1	0.53	99	210
trifluoroacetic acid（三氟乙酸）	0.1	—	72	—
trimethylpentane（三甲基戊烷）	0.1	0.47	99	215
cyclopentane（环戊烷）	0.2	0.47	49	210
n-heptane（庚烷）	0.2	0.41	98	200
butyl chloride（丁基氯；丁酰氯）	1	0.46	78	220
trichloroethylene（三氯乙烯；乙炔化三氯）	1	0.57	87	273
carbon tetrachloride（四氯化碳）	1.6	0.97	77	265
trichlorotrifluoroethane（三氯三氟代乙烷）	1.9	0.71	48	231
i-propyl ether（丙基醚；丙醚）	2.4	0.37	68	220
toluene（甲苯）	2.4	0.59	111	285
p-xylene（对二甲苯）	2.5	0.65	138	290
chlorobenzene（氯苯）	2.7	0.8	132	—
o-dichlorobenzene（邻二氯苯）	2.7	1.33	180	295
ethyl ether（二乙醚；乙醚）	2.9	0.23	35	220
benzene（苯）	3	0.65	80	280
isobutyl alcohol（异丁醇）	3	4.7	108	220
methylene chloride（二氯甲烷）	3.4	0.44	240	245
ethylene dichloride（二氯乙烯）	3.5	0.78	84	228
n-butanol（正丁醇）	3.7	2.95	117	210
n-butyl acetate（醋酸丁酯；乙酸丁酯）	4	—	126	254
n-propanol（丙醇）	4	2.27	98	210
methyl isobutyl ketone（甲基异丁酮）	4.2	—	119	330
tetrahydrofuran（四氢呋喃）	4.2	0.55	66	220
ethyl acetate（乙酸乙酯）	4.30	0.45	77	260
i-propanol（异丙醇）	4.3	2.37	82	210
chloroform（氯仿）	4.4	0.57	61	245
methyl ethyl ketone（甲基乙基酮）	4.5	0.43	80	330

化合物名称	极性	黏度	沸点	吸收波长
dioxane（二噁烷；二氧六环；二氧杂环己烷）	4.8	1.54	102	220
pyridine（吡啶）	5.3	0.97	115	305
acetone（丙酮）	5.4	0.32	57	330
nitromethane（硝基甲烷）	6	0.67	101	330
acetic acid（乙酸）	6.2	1.28	118	230
acetonitrile（乙腈）	6.2	0.37	82	210
aniline（苯胺）	6.3	4.4	184	—
dimethyl formamide（二甲基甲酰胺）	6.4	0.92	153	270
methanol（甲醇）	6.6	0.6	65	210
ethylene glycol（乙二醇 ）	6.9	19.9	197	210
dimethyl sulfoxide（二甲亚砜 DMSO）	7.2	2.24	189	268
water（水）	10.2	1	100	268

附录 4　常用溶剂的沸点、溶解性和毒性

溶剂名称	沸点/℃(101.3kPa)	溶解性	毒性
液氨	−33.35	特殊溶解性：能溶解碱金属和碱土金属	剧毒性、腐蚀性
液态二氧化硫	−10.08	溶解胺、醚、醇、苯酚、有机酸、芳香烃、溴、二硫化碳，多数饱和烃不溶	剧毒
甲胺	−6.3	是多数有机物和无机物的优良溶剂，液态甲胺与水、醚、苯、丙酮、低级醇混溶，其盐酸盐易溶于水，不溶于醇、醚、酮、氯仿、乙酸乙酯	中等毒性，易燃
二甲胺	7.4	是有机物和无机物的优良溶剂，溶于水、低级醇、醚、低极性溶剂	强烈刺激性
石油醚		不溶于水，与丙酮、乙醚、乙酸乙酯、苯、氯仿及甲醇以上高级醇混溶	与低级烷相似
乙醚	34.6	微溶于水，易溶于盐酸，与醇、醚、石油醚、苯、氯仿等多数有机溶剂混溶	麻醉性
戊烷	36.1	与乙醇、乙醚等多数有机溶剂混溶	低毒性
二氯甲烷	39.75	与醇、醚、氯仿、苯、二硫化碳等有机溶剂混溶	低毒，麻醉性强
二硫化碳	46.23	微溶于水，与多种有机溶剂混溶	麻醉性，强刺激性
丙酮	56.12	与水、醇、醚、烃混溶	低毒，类乙醇，但稍大
1,1-二氯乙烷	57.28	与醇、醚等大多数有机溶剂混溶	低毒、局部刺激性
氯仿	61.15	与乙醇、乙醚、石油醚、卤代烃、四氯化碳、二硫化碳等混溶	中等毒性，强麻醉性

溶剂名称	沸点/℃(101.3kPa)	溶解性	毒性
甲醇	64.5	与水、乙醚、醇、酯、卤代烃、苯、酮混溶	中等毒性，麻醉性
四氢呋喃	66	优良溶剂，与水混溶，很好地溶解乙醇、乙醚、脂肪烃、芳香烃、氯代烃	吸入微毒，经口低毒
己烷	68.7	甲醇部分溶解，与比乙醇高的醇、醚、丙酮、氯仿混溶	低毒，麻醉性，刺激性
三氟代乙酸	71.78	与水、乙醇、乙醚、丙酮、苯、四氯化碳、己烷混溶，溶解多种脂肪族、芳香族化合物	
1,1,1-三氯乙烷	74.0	与丙酮、甲醇、乙醚、苯、四氯化碳等有机溶剂混溶	低毒
四氯化碳	76.75	与醇、醚、石油醚、石油脑、冰醋酸、二硫化碳、氯代烃混溶	氯代甲烷中，毒性最强
乙酸乙酯	77.112	与醇、醚、氯仿、丙酮、苯等大多数有机溶剂混溶，能溶解某些金属盐	低毒，麻醉性
乙醇	78.3	与水、乙醚、氯仿、酯、烃类衍生物等有机溶剂混溶	微毒类，麻醉性
丁酮	79.64	与丙酮相似，与醇、醚、苯等大多数有机溶剂混溶	低毒，毒性强于丙酮
苯	80.10	难溶于水，与甘油、乙二醇、乙醇、氯仿、乙醚、四氯化碳、二硫化碳、丙酮、甲苯、二甲苯、冰醋酸、脂肪烃等大多有机物混溶	强烈毒性
环己烷	80.72	与乙醇、高级醇、醚、丙酮、烃、氯代烃、高级脂肪酸、胺类混溶	低毒，对中枢神经系统有抑制作用
乙腈	81.60	与水、甲醇、乙酸甲酯、乙酸乙酯、丙酮、醚、氯仿、四氯化碳、氯乙烯及各种不饱和烃混溶，但是不与饱和烃混溶	中等毒性，大量吸入蒸气，引起急性中毒
异丙醇	82.40	与乙醇、乙醚、氯仿、水混溶	微毒，类似乙醇
1,2-二氯乙烷	83.48	与乙醇、乙醚、氯仿、四氯化碳等多种有机溶剂混溶	高毒性、致癌
乙二醇二甲醚	85.2	溶于水，与醇、醚、酮、酯、烃、氯代烃等多种有机溶剂混溶，能溶解各种树脂，还是二氧化硫、氯代甲烷、乙烯等气体的优良溶剂	吸入和经口低毒
三氯乙烯	87.19	不溶于水，与乙醇、乙醚、丙酮、苯、乙酸乙酯、脂肪族氯代烃、汽油混溶	有机有毒物质
三乙胺	89.6	与18.7℃以下的水混溶，在18.7℃以上的水中微溶，易溶于氯仿、丙酮，溶于乙醇、乙醚	易爆，对皮肤黏膜刺激性强
丙腈	97.35	溶解醇、醚、DMF、乙二胺等有机物，与多种金属盐形成加成有机物	高毒性，与氢氰酸相似
庚烷	98.4	与己烷类似	低毒，刺激性、麻醉性

溶剂名称	沸点/℃(101.3kPa)	溶解性	毒性
水	100	略	略
硝基甲烷	101.2	与醇、醚、四氯化碳、DMF 等混溶	麻醉性，刺激性
1,4-二氧六环	101.32	能与水及多数有机溶剂混溶，溶解能力很强	微毒，强于乙醚 2～3 倍
甲苯	110.63	不溶于水，与甲醇、乙醇、氯仿、丙酮、乙醚、冰醋酸、苯等有机溶剂混溶	低毒类，麻醉作用
硝基乙烷	114.0	与醇、醚、氯仿混溶，溶解多种树脂和纤维素衍生物	局部刺激性较强
吡啶	115.3	与水、醇、醚、石油醚、苯、油类混溶，能溶多种有机物和无机物	低毒，对皮肤黏膜有刺激性
4-甲基-2-戊酮	115.9	能与乙醇、乙醚、苯等大多数有机溶剂和动植物油相混溶	毒性和局部刺激性较强
乙二胺	117.26	溶于水、乙醇、苯和乙醚，微溶于庚烷	刺激皮肤、眼睛
丁醇	117.7	与醇、醚、苯混溶	低毒，大于乙醇 3 倍
乙酸	118.1	与水、乙醇、乙醚、四氯化碳混溶，不溶于二硫化碳及 C_{12} 以上高级脂肪烃	低毒，浓溶液毒性强
乙二醇一甲醚	124.6	与水、醛、醚、苯、乙二醇、丙酮、四氯化碳、DMF 等混溶	低毒类
辛烷	125.67	几乎不溶于水，微溶于乙醇，与醚、丙酮、石油醚、苯、氯仿、汽油混溶	低毒性，麻醉性
乙酸丁酯	126.11	优良有机溶剂，广泛应用于医药行业，还可以用作萃取剂	一般条件毒性不大
吗啉	128.94	溶解能力强，超过二氧六环、苯，和吡啶，与水混溶，溶解丙酮、苯、乙醚、甲醇、乙醇、乙二醇、2-己酮、蓖麻油、松节油、松脂等	腐蚀皮肤，刺激眼和结膜，蒸气引起肝肾病变
氯苯	131.69	能与醇、醚、脂肪烃、芳香烃和有机氯化物等多种有机溶剂混溶	毒性低于苯，损害中枢系统
乙二醇一乙醚	135.6	与乙二醇一甲醚相似，但是极性小，与水、醇、醚、四氯化碳、丙酮混溶	低毒类，二级易燃液体
对二甲苯	138.35	不溶于水，与醇、醚和其他有机溶剂混溶	一级易燃液体
二甲苯	138.5～141.5	不溶于水，与乙醇、乙醚、苯、烃等有机溶剂混溶，乙二醇、甲醇、2-氯乙醇等极性溶剂部分溶解	一级易燃液体，低毒类
间二甲苯	139.10	不溶于水，与醇、醚、氯仿混溶，室温下溶解乙腈、DMF 等	一级易燃液体
醋酸酐	140.0		
邻二甲苯	144.41	不溶于水，与乙醇、乙醚、氯仿等混溶	一级易燃液体
N,N-二甲基甲酰胺	153.0	与水、醇、醚、酮、不饱和烃、芳香烃等混溶，溶解能力强	低毒

溶剂名称	沸点/℃(101.3kPa)	溶解性	毒性
环己酮	155.65	与甲醇、乙醇、苯、丙酮、己烷、乙醚、硝基苯、石油脑、二甲苯、乙二醇、乙酸异戊酯、二乙胺及其他多种有机溶剂混溶	低毒类,有麻醉性,中毒概率比较小
环己醇	161	与醇、醚、二硫化碳、丙酮、氯仿、苯、脂肪烃、芳香烃、卤代烃混溶	低毒,无血液毒性,刺激性
N,N-二甲基乙酰胺	166.1	溶解不饱和脂肪烃,与水、醚、酯、酮、芳香族化合物混溶	微毒类
糠醛	161.8	与醇、醚、氯仿、丙酮、苯等混溶,部分溶解低沸点脂肪烃,无机物一般不溶	有毒物质,刺激眼睛,催泪
N-甲基甲酰胺	180～185	与苯混溶,溶于水和醇,不溶于醚	一级易燃液体
苯酚（石炭酸）	181.2	溶于乙醇、乙醚、乙酸、甘油、氯仿、二硫化碳和苯等,难溶于烃类溶剂,65.3℃以上与水混溶,65.3℃以下分层	高毒类,对皮肤、黏膜有强烈腐蚀性,可经皮吸收中毒
1,2-丙二醇	187.3	与水、乙醇、乙醚、氯仿、丙酮等多种有机溶剂混溶	低毒,吸湿,不宜静注
二甲基亚砜	189.0	与水、甲醇、乙醇、乙二醇、甘油、乙醛、丙酮、乙酸乙酯、吡啶、芳烃混溶	微毒,对眼睛有刺激性
邻甲基苯酚	190.95	微溶于水,能与乙醇、乙醚、苯、氯仿、乙二醇、甘油等混溶	参照甲酚
N,N-二甲基苯胺	193	微溶于水,能随水蒸气挥发,与醇、醚、氯仿、苯等混溶,能溶解多种有机物	抑制中枢和循环系统,经皮肤吸收中毒
乙二醇	197.85	与水、乙醇、丙酮、乙酸、甘油、吡啶混溶,与氯仿、乙醚、苯、二硫化碳等难溶,对烃类、卤代烃不溶,溶解食盐、氯化锌等无机物	低毒类,可经皮肤吸收中毒
对甲基苯酚	201.88	参照甲酚	参照甲酚
N-甲基吡咯烷酮	202	与水混溶,除低级脂肪烃可以溶解大多无机物、有机物、极性气体、高分子化合物	毒性低,不可内服
间甲基苯酚	202.7	参照甲酚	与甲酚相似,参照甲酚
苄醇	205.45	与乙醇、乙醚、氯仿混溶,20℃在水中溶解3.8%（质量分数）	低毒,对黏膜有刺激性
甲酚	210	微溶于水,能与乙醇、乙醚、苯、氯仿、乙二醇、甘油等混溶	低毒类,腐蚀性,与苯酚相似
甲酰胺	210.5	与水、醇、乙二醇、丙酮、乙酸、二氧六环、甘油、苯酚混溶,几乎不溶于脂肪烃、芳香烃、醚、卤代烃、氯苯、硝基苯等	对皮肤、黏膜有刺激性,经皮肤吸收
硝基苯	210.9	几乎不溶于水,与醇、醚、苯等有机物混溶,对有机物溶解能力强	剧毒,可经皮肤吸收
乙酰胺	221.15	溶于水、醇、吡啶、氯仿、甘油、热苯、丁酮、丁醇、苄醇,微溶于乙醚	毒性较低

溶剂名称	沸点/℃(101.3kPa)	溶解性	毒性
六甲基磷酸三酰胺（HMTA）	233	与水混溶，与氯仿络合，溶于醇、醚、酯、苯、酮、烃、卤代烃等	较大毒性
喹啉	237.10	溶于热水、稀酸、乙醇、乙醚、丙酮、苯、氯仿、二硫化碳等	中等毒性，刺激皮肤和眼睛
乙二醇碳酸酯	238	与热水、醇、苯、醚、乙酸乙酯、乙酸混溶，干燥醚、四氯化碳、石油醚、CCl_4中不溶	毒性低
二甘醇	244.8	与水、乙醇、乙二醇、丙酮、氯仿、糠醛混溶，与乙醚、四氯化碳等不混溶	微毒，经皮吸收，刺激性小
丁二腈	267	溶于水，易溶于乙醇和乙醚，微溶于二硫化碳、己烷	中等毒性
环丁砜	287.3	几乎能与所有有机溶剂混溶，除脂肪烃外能溶解大多数有机物	
甘油	290.0	与水、乙醇混溶，不溶于乙醚、氯仿、二硫化碳、苯、四氯化碳、石油醚	食用对人体无毒

附录5　常见有机物正别名对照

别名	化学名	别名	化学名	别名	化学名
曲酸	5-羟基-2-羟甲基-1,4-吡喃酮	柠檬酸	2-羟基丙烷-1,2,3-三羟酸	焦性没食子酸	1,2,3-苯三酚
烟酸	吡啶-3-甲酸	水杨酸	2-羟基苯甲酸	巴豆醛	2-丁烯醛
肌酸	N-甲基胍基乙酸	山梨酸	2,4-己二烯酸	月桂酸	十二烷酸
草酸	乙二酸	肉桂酸	苯丙烯酸	马来酸	顺丁烯二酸
甘油	1,2,3-丙三醇	富马酸	反丁烯二酸	安息香酸	苯甲酸
乳酸	2-羟基丙酸	二甘醇	一缩二乙二醇	乌洛托品	六亚甲基四胺
肥酸	己二酸	没食子酸	3,4,5-三羟基苯甲酸	香草醛	4-羟基-3-甲氧基苯甲醛
糠醛	呋喃甲醛	糠醇	呋喃甲醇	茴香醛	对甲氧基苯甲醛
蚁酸	甲酸	儿茶酚	邻苯二酚		

附录6　有机化合物常用较强的干燥剂

试剂	与水成化合物	注释
Na	NaOH，H_2	用于烃和醚的除水很出色；不得用于醇和卤代烃
CaH_2	$Ca(OH)_2$，H_2	最佳去水剂之一；比 $LiAlH_4$ 缓慢但效率高，相对较安全，用于烃、醚、胺、酯、C_4和更高级的醇（勿用于C_1、C_2、C_3醇），不得用于醛和活泼羧基化合物

试剂	与水成化合物	注释
LiAlH₄	LiOH，Al(OH)₃，H₂	只使用于惰性溶剂[烃基，芳基卤（不能用于烷基卤），醚]；能与任何酸性氢和大多数官能团（卤原子、羰基、硝基等等）反应。使用时要小心；多余者可慢慢加入乙酸乙酯加以破坏
CaO	Ba(OH)₂或Ca(OH)₂	慢而有效；主要适用于醇类和醚类，但不宜用于对强碱敏感的化合物
P₂O₅	HPO₃，H₃PO₄，H₄P₂O₇	非常快而且效率高，高度耐酸，建议先预干燥，仅用于惰性化合物（尤其适用于烃、醚、卤代烃、酸、酐）

附录7　液体有机化合物常用干燥剂

序号	液体名称	适用干燥剂
1	饱和烃类	P₂O₅，CaCl₂，H₂SO₄（浓），NaOH，KOH，Na，Na₂SO₄，MgSO₄，CaSO₄，CaH₂，LiAlH₄，分子筛
2	不饱和烃类	P₂O₅，CaCl₂，NaOH，KOH，Na₂SO₄，MgSO₄，CaSO₄，CaH₂，LiAlH₄
3	卤代烃类	P₂O₅，CaCl₂，H₂SO₄（浓），Na₂SO₄，MgSO₄，CaSO₄
4	醇类	BaO，CaO，K₂CO₃，Na₂SO₄，MgSO₄，CaSO₄，硅胶
5	酚类	Na₂SO₄，硅胶
6	醛类	CaCl₂，Na₂SO₄，MgSO₄，CaSO₄，硅胶
7	酮类	K₂CO₃，Na₂SO₄，MgSO₄，CaSO₄，硅胶
8	醚类	BaO，CaO，NaOH，KOH，Na，CaCl₂，CaH₂，LiAlH₄，Na₂SO₄，MgSO₄，CaSO₄，硅胶
9	酸类	P₂O₅，Na₂SO₄，MgSO₄，CaSO₄，硅胶
10	酯类	K₂CO₃，CaCl₂，Na₂SO₄，MgSO₄，CaSO₄，CaH₂，硅胶
11	胺类	BaO，CaO，NaOH，KOH，K₂CO₃，Na₂SO₄，MgSO₄，CaSO₄，硅胶
12	肼类	NaOH，KOH，Na₂SO₄，MgSO₄，CaSO₄，硅胶
13	腈类	P₂O₅，K₂CO₃，CaCl₂，Na₂SO₄，MgSO₄，CaSO₄，硅胶
14	硝基化合物	CaCl₂，Na₂SO₄，MgSO₄，CaSO₄，硅胶
15	二硫化碳	P₂O₅，CaCl₂，Na₂SO₄，MgSO₄，CaSO₄，硅胶
16	碱类	NaOH，KOH，BaO，CaO，Na₂SO₄，MgSO₄，CaSO₄，硅胶

附录8　常用干燥剂适用条件

名称	适用物质	不适用物质	备注
碱石灰、BaO、CaO	中性和碱性气体，胺类，醇类，醚类	醛类，酮类，酸性物质	特别适用于干燥气体，与水作用生成Ba(OH)₂、Ca(OH)₂
CaSO₄	普遍适用	—	常先用Na₂SO₄作预干燥剂
NaOH、KOH	氨，胺类，醚类，烃类（干燥器），肼类，碱类	醛类，酮类，酸性物质	容易潮解，因此一般用于预干燥

名称	适用物质	不适用物质	备注
K_2CO_3	胺类，醇类，丙酮，一般的生物碱类，酯类，腈类，肼类，卤素衍生物	酸类、酚类及其他酸性物质	容易潮解
$CaCl_2$	烷烃类，链烯烃类，醚类，酯类，卤代烃类，腈类，丙酮，醛类，硝基化合物类，中性气体，氯化氢 HCl，CO_2	醇类，氨 NH_3，胺类，酸类，酸性物质，某些醛，酮类，酯类	一种价格便宜的干燥剂，可与许多含氮、含氧的化合物生成溶剂化物、络合物或发生反应；一般含有 CaO 等碱性杂质
P_2O_5	大多数中性和酸性气体，乙炔，二硫化碳，烃类，各种卤代烃，酸溶液，酸与酸酐，腈类	碱性物质，醇类，酮类，醚类，易发生聚合的物质，氯化氢 HCl，氟化氢 HF，氨气 NH_3	使用其干燥气体时必须与载体或填料（石棉绒、玻璃棉、浮石等）混合；一般先用其他干燥剂预干燥；本品易潮解，与水作用生成偏磷酸、磷酸等
浓 H_2SO_4	大多数中性与酸性气体（干燥器、洗气瓶），各种饱和烃，卤代烃，芳烃	不饱和的有机化合物，醇类，酮类，酚类，碱性物质，硫化氢 H_2S，碘化氢 HI，氨气 NH_3	不适于升温干燥和真空干燥
金属 Na	醚类，饱和烃类，叔胺类，芳烃类	氯代烃类（会发生爆炸危险），醇类，伯、仲胺类及其他易和金属钠起作用的物质	一般先用其他干燥剂预干燥；与水作用生成 NaOH 与 H_2
$Mg(ClO_4)_2$	含有氨的气体（干燥器）	易氧化的有机物质	大多用于分析目的，适用于各种分析工作，能溶于多种溶剂中；处理不当会发生爆炸危险
Na_2SO_4、$MgSO_4$	普遍适用，特别适用于酯类、酮类及一些敏感物质溶液	—	一种价格便宜的干燥剂；Na_2SO_4 常作预干燥剂
硅胶	置于干燥器中使用	氟化氢	加热干燥后可重复使用
分子筛	温度在 100℃以下的大多数流动气体；有机溶剂（干燥器）	不饱和烃	一般先用其他干燥剂预干燥；特别适用于低分压的干燥
CaH_2	烃类，醚类，酯类，C_4 及 C_4 以上的醇类	醛类，含有活泼羰基的化合物	作用比 $LiAlH_4$ 慢，但效率相近，且较安全，是最好的脱水剂之一，与水作用生成 $Ca(OH)_2$、H_2
$LiAlH_4$	烃类，芳基卤化物，醚类	含有酸性 H、卤素、羰基及硝基等的化合物	使用时要小心。过剩的可以慢慢加乙酸乙酯将其破坏；与水作用生成 LiOH、$Al(OH)_3$ 与 H_2

附录9　常用压力单位换算表

	牛顿/米² (帕斯卡) (N/m²)(Pa)	公斤力/米² (kgf/m²)	公斤力/厘米² (kgf/cm²)	巴 (bar)	标准大气压 (atm)	毫米水柱 4℃ (mmH₂O)	毫米汞柱 0℃ (mmHg)	磅力/英寸² (lbf/in², psi)
牛顿/米² (帕斯卡) (N/m²)(Pa)	1	0.101972	$10.1972×10^{-6}$	$1×10^{-5}$	$0.986923×10^{-5}$	0.101972	$7.50062×10^{-3}$	$145.038×10^{-6}$

	牛顿/米² (帕斯卡) (N/m²)(Pa)	公斤力/ 米² (kgf/m²)	公斤力/ 厘米² (kgf/cm²)	巴 (bar)	标准大气压 (atm)	毫米水柱 4℃ (mmH₂O)	毫米汞柱 0℃ (mmHg)	磅力/英寸² (lbf/in², psi)
公斤力/米² (kgf/m²)	9.80665	1	1×10^{-4}	9.80665×10^{-5}	9.67841×10^{-5}	1×10^{-8}	0.0735559	0.00142233
公斤力/ 厘米² (kgf/cm²)	98.0665×10^{3}	1×10^{4}	1	0.980665	0.967841	10×10^{3}	735.559	14.2233
巴(bar)	1×10^{5}	10197.2	1.01972	1	0.986923	10.1972×10^{3}	750.061	14.5038
标准大气压 (atm)	1.01325×10^{5}	10332.3	1.03323	1.01325	1	10.3323×10^{3}	760	14.6959
毫米汞柱 0℃ (mmHg)	133.322	13.5951	0.00135951	0.00133322	0.00131579	13.5951	1	0.0193368
磅力/英寸² (lbf/in², psi)	6.89476×10^{3}	703.072	0.0703072	0.0689476	0.0680462	703.072	51.7151	1

注：1. 1 工程大气压（at）=1kgf/cm²。

2. 用水柱表示的压力，是以纯水在4℃时的密度值为标准的。

附录 10 常用酸碱溶液相对密度及组成

盐酸（HCl）

质量分数/%	相对密度	100mL 水溶液中 含 HCl 的质量/g	质量分数/%	相对密度	100mL 水溶液中 含 HCl 的质量/g
1	1.0032	1.002	22	1.1083	24.38
2	1.0082	2.006	24	1.1187	26.85
4	1.0181	4.007	26	1.1290	29.35
6	1.0279	6.167	28	1.1392	31.90
8	1.0376	8.301	30	1.1492	34.48
10	1.0474	10.47	32	1.1593	37.10
12	1.0574	12.69	34	1.1691	39.75
14	1.0675	14.95	36	1.1789	42.44
16	1.0776	17.24	38	1.1885	45.16
18	1.0878	19.58	40	1.1980	47.92
20	1.0980	21.96			

硫酸（H₂SO₄）

质量分数/%	相对密度	100mL 水溶液中含 H₂SO₄ 的质量/g	质量分数/%	相对密度	100mL 水溶液中含 H₂SO₄ 的质量/g
1	1.0051	1.005	65	1.5533	101.0
2	1.0118	2.024	70	1.6105	112.7
3	1.0184	3.055	75	1.6692	125.2
4	1.0250	4.100	80	1.7272	138.2
5	1.0317	5.159	85	1.7786	151.2
10	1.0661	10.66	90	1.8144	163.3
15	1.1020	16.53	91	1.8195	165.6
20	1.1394	22.79	92	1.8240	167.8
25	1.1783	29.46	93	1.8279	170.2
30	1.2185	36.56	94	1.8312	172.1
35	1.2599	44.10	95	1.8337	174.2
40	1.3028	52.11	96	1.8355	176.2
45	1.3476	60.64	97	1.8364	178.1
50	1.3951	69.76	98	1.8361	179.9
55	1.4453	79.49	99	1.8342	181.6
60	1.4983	89.90	100	1.8305	183.1

硝酸（HNO₃）

质量分数/%	相对密度	100mL 水溶液中含 HNO₃ 的质量/g	质量分数/%	相对密度	100mL 水溶液中含 HNO₃ 的质量/g
1	1.0036	1.004	65	1.3913	90.43
2	1.0091	2.018	70	1.4134	98.94
3	1.0146	3.044	75	1.4337	107.5
4	1.0201	4.080	80	1.4521	116.2
5	1.0256	5.128	85	1.4686	124.8
10	1.0543	10.54	90	1.4826	133.4
15	1.0842	16.26	91	1.4850	135.1
20	1.0050	22.30	92	1.4873	136.8
25	1.1469	28.67	93	1.4892	138.5
30	1.1800	35.40	94	1.4912	140.2
35	1.2140	42.49	95	1.4932	141.9
40	1.2463	49.85	96	1.4952	143.5
45	1.2783	57.52	97	1.4974	145.2
50	1.3100	65.50	98	1.5008	147.1
55	1.3393	73.66	99	1.5056	149.1
60	1.3667	82.00	100	1.5129	15.3

氢溴酸（HBr）

质量分数/%	相对密度	100mL 水溶液中含 HBr 的质量/g	质量分数/%	相对密度	100mL 水溶液中含 HBr 的质量/g
10	1.0723	10.7	45	1.4446	65.0
20	1.1579	23.2	50	1.5173	75.8
30	1.2580	37.7	55	1.5953	87.7
35	1.3150	46.0	60	1.6787	100.7
40	1.3772	56.1	65	1.7675	114.9

氢碘酸（HI）

质量分数/%	相对密度	100mL 水溶液中含 HI 的质量/g	质量分数/%	相对密度	100mL 水溶液中含 HI 的质量/g
20.77	1.1578	24.4	56.78	1.6998	96.6
31.77	1.2962	41.2	61.97	1.8218	112.8
42.7	1.4489	61.9			

醋酸（CH₃COOH）

质量分数/%	相对密度	100mL 水溶液中含 CH$_3$COOH 的质量/g	质量分数/%	相对密度	100mL 水溶液中含 CH$_3$COOH 的质量/g
1	0.9996	0.9996	65	1.0666	69.33
2	2.002	2.002	70	1.0685	74.88
3	3.008	3.008	75	1.0696	80.22
4	4.016	4.016	80	1.0700	85.60
5	5.028	5.028	85	1.0689	90.86
10	10.13	10.13	90	1.0661	95.95
15	15.29	15.29	91	1.0652	96.93
20	20.53	20.53	92	1.0643	97.92
25	25.82	25.82	93	1.0632	98.88
30	31.15	31.15	94	1.0619	99.82
35	36.53	36.53	95	1.0605	100.7
40	1.0488	41.95	96	1.0588	101.6
45	1.0534	47.40	97	1.0570	102.5
50	1.0575	52.88	98	1.0549	103.4
55	1.0611	58.36	99	1.0524	104.2
60	1.0642	63.85	100	1.0498	105.0

氢氧化钠（NaOH）

质量分数/%	相对密度	100mL 水溶液中含 NaOH 的质量/g	质量分数/%	相对密度	100mL 水溶液中含 NaOH 的质量/g
1	1.0095	1.010	26	1.2848	33.40
2	1.0207	2.041	28	1.3064	36.58
4	1.0428	4.171	30	1.3279	39.84
6	1.0648	6.389	32	1.3490	43.17
8	1.0869	8.695	34	1.3696	46.57
10	1.1089	11.09	36	1.3900	50.04
12	1.1309	13.57	38	1.4101	53.58
14	1.1530	16.14	40	1.4300	57.20
16	1.1751	18.80	42	1.4494	60.87
18	1.1972	21.55	44	1.4685	64.61
20	1.2191	24.38	46	1.4873	68.42
22	1.24411	27.30	48	1.5065	72.31
24	1.26299	30.31	50	1.5253	76.27

碳酸钠（Na_2CO_3）

质量分数/%	相对密度	100mL 水溶液中含 Na_2CO_3 的质量/g	质量分数/%	相对密度	100mL 水溶液中含 Na_2CO_3 的质量/g
1	1.0086	1.009	12	1.1244	13.49
2	1.0190	2.038	14	1.1463	16.05
4	1.0398	4.159	16	1.1682	18.55
6	1.0606	6.364	18	1.1905	21.33
8	1.0816	8.653	20	1.2132	24.26
10	1.1029	11.03			

附录 11 常用有机化合物缩写

序号	缩写	对应英文全称
1	Ac	acetyl
2	Ad	1-adamantyl
3	AIBN	azobisisobutyronitrile
4	All	allyl
5	Ar	aryl
6	Bn	benzyl
7	Boc	butylcarbonyl
8	*t*-Boc	*tert*-butylcarbonyl
9	bp	boiling point

序号	缩写	对应英文全称
10	Bu	butyl
11	*t*-Bu	*tert*-butyl
12	Bz	benzoxyl
13	Cbz	benzyloxycarbonyl
14	COSY	correlation spectroscopy
15	Cys	cysteine
16	DABCO	1,4-diazabicyclo[2.2.2]octane
17	DBU	1,8-diazabicyclo[5.4.0]undec-7-ene
18	DCC	dicyclohexylcarbodiimide
19	DDQ	2,3-dichloro-5,6-dicyano-1,4-benzoquinone
20	*de*	diastereomeric excess
21	DIBAH，DIBAL	diisobutylalumium hydride
22	DIPEA	diisopropylethylamine
23	DMAP	4-dimethylaminopyridine
24	DMF	*N, N*-dimethylformamide
25	DMSO	dimethyl sulfoxide or methyl sulfoxide
26	E1	unimolecular elimination
27	E2	bimolecular elimination
28	EDTA	ethylenediaminetetraacetic acid
29	*ee*	enantiomeric excess
30	Et	ethyl
31	FG	founctional group
32	GC	gas chromatography
33	Hex	hexyl
34	HMPA	hexamethylphosphoramide
35	HOBT	1-hydroxybenzotriazole
36	HOMO	highest occupied molecular orbital
37	HPLC	high performance liquid chromatography
38	HRMS	high-resolution mass spectrum
39	IR	infrared
40	LDA	lithium diisopropylamide
41	LUMO	lowest unoccupied molecular orbital
42	*m*-CPBA	*m*-chloroperbenzoic acid
43	MOM	methoxymethyl
44	Ms	methanesulfonyl or mesyl
45	NBS	*N*-bromosuccinimide

序号	缩写	对应英文全称
46	NCS	N-chlorosuccinimide
47	NMM	N-methyl morpholine
48	NMR	nuclear magnetic resonance
49	NOESY	nuclear overhauser effect spectroscopy
50	Nu	nucleophile
51	PCC	pyridinium chlorochromate
52	PDC	pyridinium dichromate
53	PE	photoelectron
54	PG	protective group
55	Ph	phenyl
56	PPA	polyphosphoric acid
57	Pr	propyl
58	i-Pr	isopropyl
59	PTC	phase-transfer catalysis
60	Pv	pivaloyl
61	Py	pyridine
62	S_N1	unimolecular nucleophilic substitution
63	S_N2	bimolecular nucleophilic substitution
64	SN′	nucleophilic substitution with allylic rearrangement
65	TBAF	tetrabutylammonium fluoride
66	TEA	triethylamine
67	TFA	trifluoroacetic acid
68	TfOH	trifluoromethanesulfonic acid
69	THF	tetrahydrofuran
70	TMP	2,2,6,6-tetramethyl piperidine
71	Tos	p-toluenesulfonyl
72	TsOH	p-toluenesulfonic acid
73	Ts	p-toluenesulfonyl or Tosyl
74	UV	ultraviolet

参 考 文 献

[1] 王清廉，沈凤嘉. 兰州大学，复旦大学化学系有机教研室. 有机化学实验. 北京：高等教育出版社，1994.

[2] 王葆仁. 有机合成反应. 北京：科学出版社，1980.

[3] 关烨，李翠娟，葛树丰. 有机化学实验. 北京：北京大学出版社，2012.

[4] 王清廉，李瀛，高坤，徐鹏飞，曹小平. 有机化学实验. 北京：高等教育出版社，2010.

[5] R. M. 罗析茨. 近代实验有机化学导论. 曹显国，胡昌奇，译. 上海：上海科学技术出版社，1981.

[6] 杨世珖，杨林，贾朝霞，陈集. 近代化学实验. 北京：石油工业出版社，2006.

[7] 李发美. 分析化学试验指导. 北京：人民卫生出版社，2004.

[8] 姚新生. 有机化合物波谱分析. 北京：中国医药科技出版社，2004.

[9] 国家药典委员会. 中华人民共和国药. 北京：化学工业出版社，2005.

[10] 李建波. 油田化学品的制备及现场应用. 北京：化学工业出版社，2012.

[11] 曲荣君，刘庆俭，纪春暖. 烯丙基甘油醚的合成新方法. 合成化学，1995，3(2): 99-100.

[12] 林东恩，李琼，刘毓宏，张逸伟. 烯丙基缩水甘油醚的合成. 合成化学，2004，12(4): 375-377.

[13] 邹绍国. 对硝基苯胺制备实验的改进. 成都纺织高等专科学校学报，2007，41（1）：46-48.

[14] 李继忠，石向林. 用高锰酸钾氧化环己醇制备己二酸方法的改进. 延安大学学报（自然科学版），1997，16（4）：89-90.

[15] 张春华，哈森其木格，刘亚冰. 制备邻苯二甲酸二丁酯的微型实验. 内蒙古民族师院学报（自然科学版），1999，14(2)：154-155.

[16] 张德华，郑静. 肉桂酸制备实验装置的教学改进. 湖北师范学院学报（自然科学版），2011，31(3)：109-111.

[17] 邹绍国. 对硝基苯胺制备实验的改进. 成都纺织高等专科学校学报，2007，41(1)：46-48.

[18] 林原斌，刘展鹏，陈红飙. 有机中间体的制备与合成. 北京：科学出版社，2006.

[19] 王明慧，吴坚平，杨立荣，陈新志. 硼氢化钠还原法合成 1-(2，4-二氯苯基)-2-氯乙醇. 有机化学，2005，25(6)：660-664.